面向"十三五"职业教育精品规划教材

实用服装造型表现

姚天亮　何彦瑞　主编

中央广播电视大学出版社·北京

图书在版编目（CIP）数据

实用服装造型表现／姚天亮，何彦瑞主编. —北京：
中央广播电视大学出版社，2016.6
面向"十三五"职业教育精品规划教材
ISBN 978-7-304-07851-5

Ⅰ.①实… Ⅱ.①姚… ②何… Ⅲ.①服装-造型设
计-职业教育-教材 Ⅳ.①TS941.2

中国版本图书馆 CIP 数据核字（2016）第 110761 号

面向"十三五"职业教育精品规划教材
实用服装造型表现
SHIYONG FUZHUANG ZAOXING BIAOXIAN
姚天亮　何彦瑞　主编

出版·发行：中央广播电视大学出版社
电话：营销中心 010-66490011　　　总编室 010-68182524
网址：http：//www.crtvup.com.cn
地址：北京市海淀区西四环中路 45 号　　邮编：100039
经销：新华书店北京发行所

策划编辑：苏　醒　　　　　　责任校对：赵　洋
责任编辑：苏广英　　　　　　责任印制：赵连生

印刷：北京市雅迪彩色印刷有限公司
版本：2016 年 6 月第 1 版　　　2016 年 7 月第 2 次印刷
开本：787mm×1092mm　1/16　　印张：12　字数：259 千字

书号：ISBN 978-7-304-07851-5
定价：36.00 元

前　言

　　随着社会经济的发展和人民生活水平的提高，人们的着装观念发生了巨大变化，对服装的款式、面料和制作工艺等要求越来越高，由此带来了服装业的迅速发展和服装市场的空前繁荣。

　　实用服装造型表现是服装专业的必修课之一。本书从服装企业对服装设计从业者的要求出发，本着学以致用的原则，以服装画人体概述、人体各部位的表现、效果图人物造型、人体着装设计表现和效果图的色彩表现五章内容进行实用服装造型表现的具体讲述。全书配有大量的示范作品和详尽的步骤图，能配合学习者进行练习，帮助学习者在较短的时间内掌握服装造型表现的要领。实例贴近企业实际，具有实用性，所绘实例图风格多样，便于学习者根据自身喜好学习绘画；同时，也便于学习者认真揣摩服装成衣的效果，对于初学者有很好的指导意义。

　　本书可作为各类服装专业教材，也可供服装企业设计师、产品设计师参考。

编　者

目　录

第一章
Chapter 1

服装画人体概述

1.1 服装画

1. 服装画的定义

以绘画的形式，借助绘画来展示服装状态（包括视觉和工艺技术的状态），作用于行为组织（行为组织是指设计师、工艺师、消费者与其他相关人员）中沟通的特有语言形式，称为服装画。简单来说，服装画就是一种绘画，画的主体是服装，如图 1.1-1~图 1.1-7 所示。

图 1.1-1　服装画（1）

图 1.1-2　服装画（2）

图 1.1-3 服装画（3）

图1.1-4 服装画（4）

图 1.1-5　服装画（5）

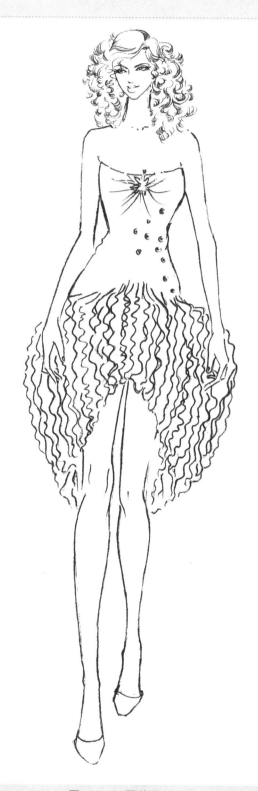

图1.1-6 服装画（6）

图 1.1-7 服装画（7）

2. 服装画的表现形式

服装画的表现形式有三种，分别是服装效果图、款式图和时装画。

（1）服装效果图

服装效果图能通过人体进一步烘托服装视觉美感，而工艺款式图款式结构严谨、规范、工艺表达形式明了，主要用于指导工艺生产和快速表达印象。二者可单独使用，而在实际生产中往往把二者结合起来构成一张较为完整的设计稿，如图1.1-8所示。根据设计生产需求，再配以面料小样和必要的文字说明，就是一张工艺生产设计制单。

图1.1-8 工艺款式图

服装效果图还有另一种特有的表现形式，即服装、人体和材料相结合的表现形式——材料剪贴效果图（图1.1-9）。材料剪贴法很少用于工艺生产，主要用来培养学生对服装材料的认识和设计运用，因为材料剪贴效果图中材料的使用效果相对直观，可提高学生对材料设计的审美鉴赏水平。

图 1.1-9 材料剪贴效果图

　　习惯上人们把作用于工业化生产的服装称为效果图，而把作用于其他领域，如广告时装插画、时装招贴画，甚至作为一门独立的视觉审美艺术的服装画都称为时装画。因个人修养、地域文化的差异，工业化生产的效果图不但具有工艺性，还具有艺术欣赏性。这种艺术欣赏性并非以渲染服装气氛为出发点，而是渲染设计的具体表现或工艺说明，是创作者较高的美术素养的自然应用，如图 1.1-10~图 1.1-23 所示。

图 1.1-10　服装效果图（1）

图 1.1-11 服装效果图（2）

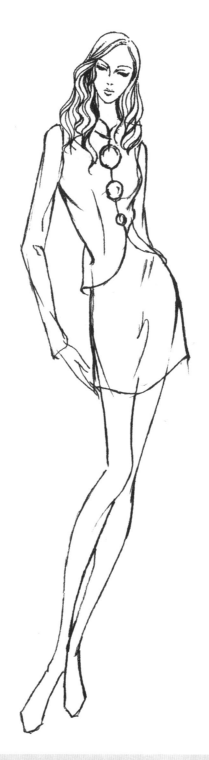

图 1.1-12　服装效果图（3）

图 1.1-13 服装效果图（4）

图 1.1-14 服装效果图（5）

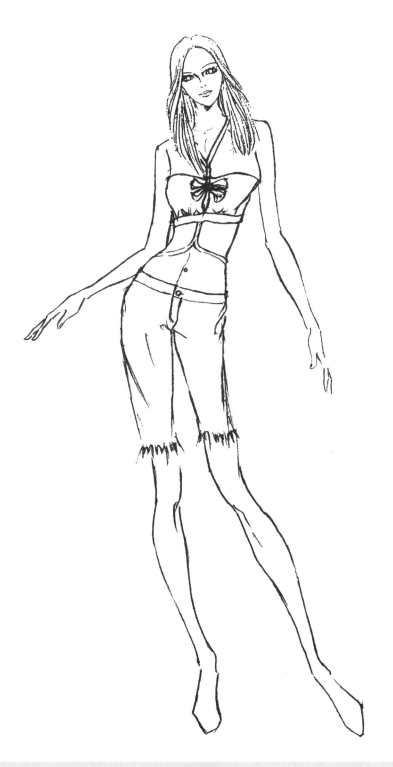

图 1.1-15 服装效果图 (6)

图 1.1-16 服装效果图 (7)

图 1.1-17 服装效果图（8）

图 1.1-18　服装效果图（9）

图 1.1-19 服装效果图（10）

图 1.1-20 服装效果图（11）

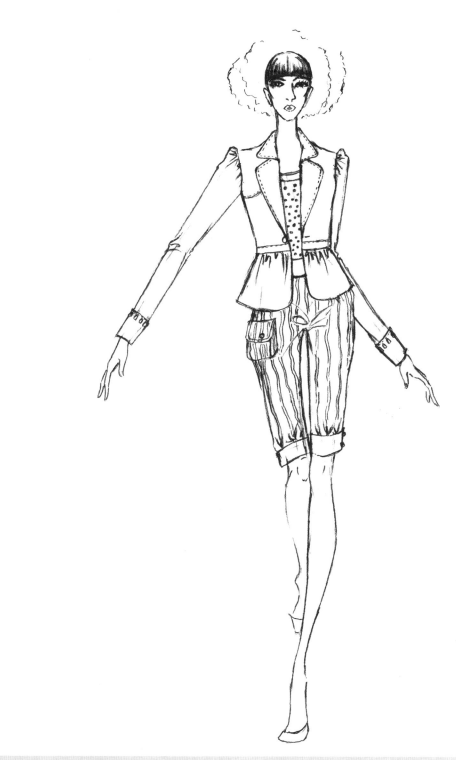

图 1.1-21　服装效果图（12）

图 1.1-22 服装效果图 (13)

图 1.1-23 服装效果图（14）

（2）款式图

款式图是只有结构主体（服装款式）、没有人体、以平面线条表达服装成品的外形款式和服装前后的造型结构。款式图虽然没有人体，但也要表现出服装与人体的比例关系。款式图还要注意服装的局部结构，如领子的大小、高低，袖子的装袖方式、袖肥的大小，省道结构与位置，口袋形状及服装工艺方法等，各部位要尽可能表达到位，清晰明了，有时还要有局部放大标注示意图。现代色彩工业中一般采用计算机辅助设计来画款式图，如图 1.1-24 所示。

图 1.1-24　款式图

（3）时装画

从 20 世纪 80 年代开始，服装设计搬上国民教育的讲台历经了三十多年的发展，服装画逐步形成了独立的绘画形式之一，甚至发展为一门独特的视觉艺术形式。随着时代的发展变化，作用于服装画中的人体也在变化着。

服装画从最初借鉴传统美术形式，演变至今日已发展成为融汇古今中外服装风格的丰富多彩的时装画，已不局限于服装设计工艺生产，但表现的形式依然是服装，因为脱离这一点就难以称为时装画。

无论是绘画风格、创作变形，还是工具材料，只要表现的主体是时装，就都属于时装画的形式范畴。

时装情景画大多注重其艺术欣赏性，渲染特有的着装气氛，不太计较设计细部的具体表现与说明，构图与着装人物的姿态选择倾向于夸张、大胆、自由和活泼，有时还衬有背景或着装的情景；为了强调时装画特有的风格特征，或追求画面的艺术感染力，常常有不同的流派或风格的画法，大多借鉴传统美术绘画技法，极大地丰富了时装画的表现内涵，如图 1.1-25~图 1.1-28 所示。

图 1.1-25　时装情景画（1）

图 1.1-26　时装情景画（2）

图 1.1-27　时装情景画（3）

图 1.1-28　时装情景画（4）

1.2 效果图的人体比例

1. 效果图的人体

服装设计的主体是服装，而服装的主体对象却是人体。人体与服装是相互作用的，俗语说"人靠衣装马靠鞍"即是这个道理。人体是万物中最完美的艺术品，就服装而言，可以通过优美的人体进一步展示服装的美感。效果图正是源于这一美学原理，因此大多采用展示服装的模特身体作为效果图的人体，甚至可以塑造出现实生活中并不存在的人体。

人体的高度大多以人的身高来衡量，现实生活中常规人体为7.5~8头身高，模特一般为9~10头身高。理想的人体身高为10头以上。因各时期、各地域的文化差异，习惯不同，这一点也各不相同。不管如何夸张和理想化，效果图仍然要以符合当代人们的审美、视觉习惯为原则。设计师可根据个人情况进行选用，也可根据服装的不同要求进行选用，如图1.2-1~图1.2-15所示。

图 1.2-1　效果图人体比例（1）

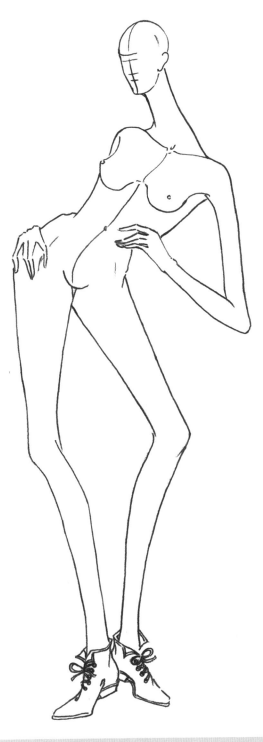

图 1.2-2 效果图人体比例（2）

图 1.2-3　效果图人体比例（3）

2. 人体比例划分

（1）8～8.5头身高人体比例划分

1）头顶至下颌为第一头身高；下颌至乳点稍上为第二头身高；乳点稍上至脐眼为第三头身高；脐眼至大转子为第四头身高；大转子至大腿中部为第五头身高；大腿中部到膝盖稍下为第六头身高；膝盖稍下至小腿中部为第七头身高；小腿中部到踝骨为第八头身高；踝骨至足底为半个头身高。

2）手臂下垂时，肘部与腰平齐，上、下臂长度基本接近，中指到大腿中部，如图1.2-4所示。

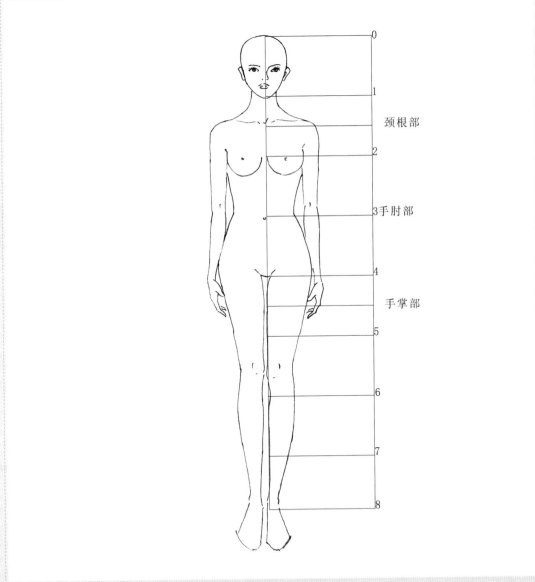

图1.2-4 效果图人体比例（4）

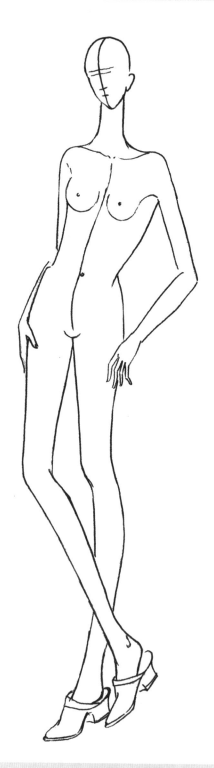

图 1.2-5　效果图人体比例 (5)

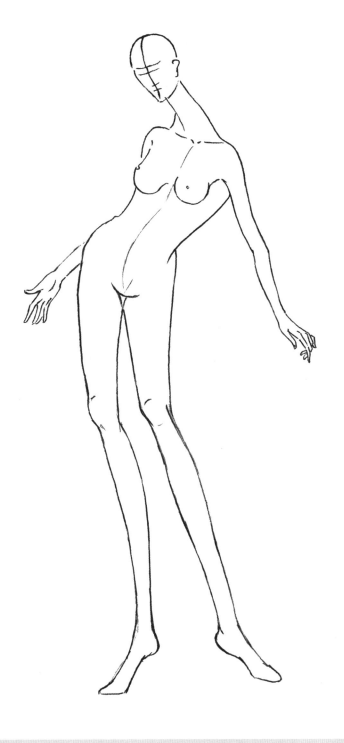

图1.2-6 效果图人体比例（6）

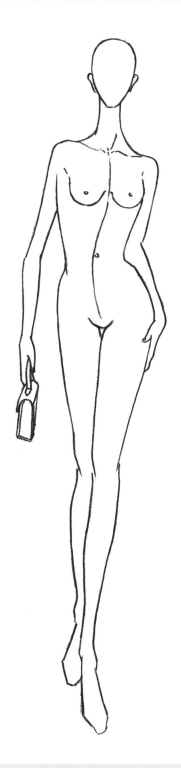

图 1.2-7　效果图人体比例（7）

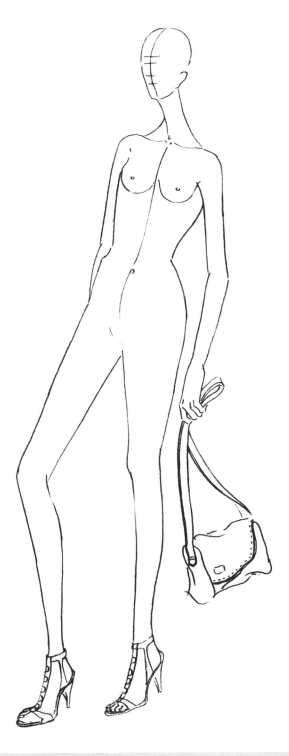

图 1.2-8 效果图人体比例（8）

图 1.2-9　效果图人体比例（9）

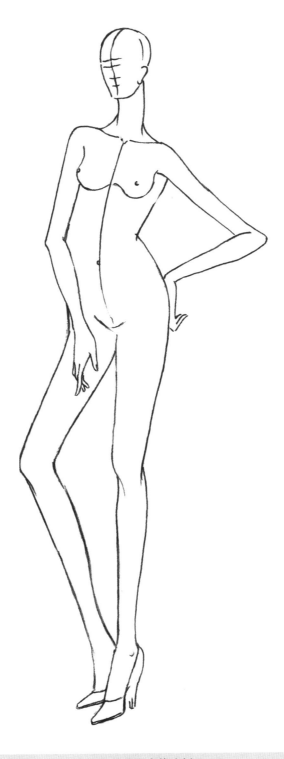

图 1.2-10 效果图人体比例（10）

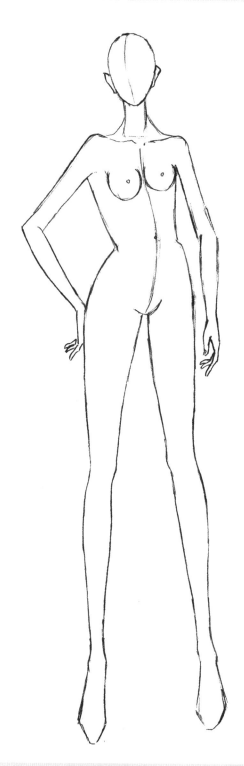

图 1.2-11　效果图人体比例（11）

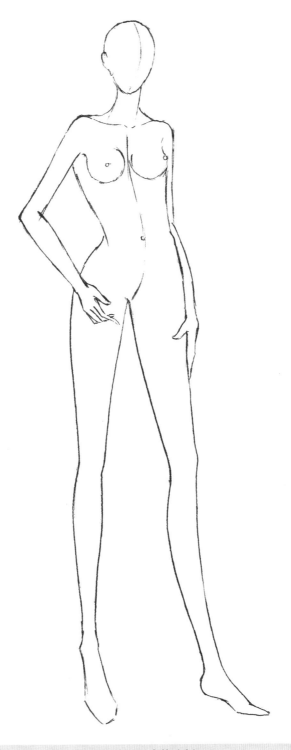

图 1.2-12　效果图人体比例（12）

（2）9~10头身高人体比例划分

1）9头身高为模特身高。正常女性的手在人体的1/2处，而模特的手在人体的1/2之上；其腿长占了其身高的将近3/5，上身只占2/5。

2）由于颈部较长，女性模特的第二个头长在胸部与锁骨之间的1/2处；第三个头长在胸围线至腰围线间距的3/4处；第四个头长到臀围线附近；臀围线与膝盖线之间1/2处为第五个头长；膝盖位于第6.5个头长处；第9.5个头长到脚跟，如图1.2-13所示。

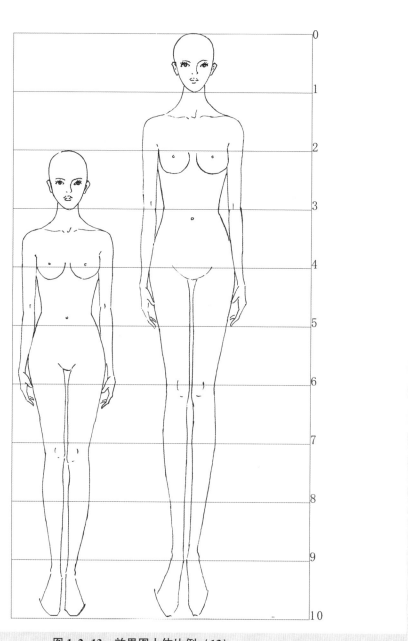

图1.2-13　效果图人体比例（13）

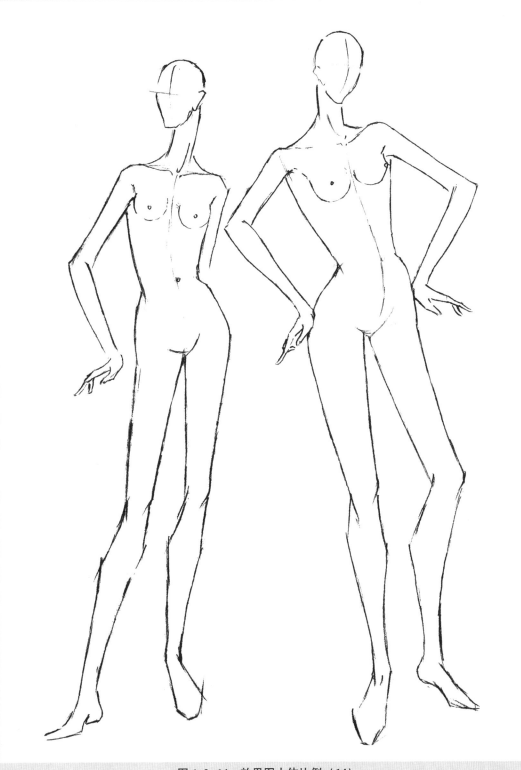

图 1.2-14 效果图人体比例（14）

图 1.2-15 效果图人体比例 (15)

通过上述分析得知：女性模特的人体与普通人体长度最大的区别在于腿部长度、手臂长度、颈部长度和腰部长度，而头部和肩宽部的长度相对区别较小。如果要进一步夸张人体，可以拉长以上几个部位。

1.3 时装画女性人体的夸张

1. 女性人体夸张的时代风格

时装画人体的夸张是指在时装画中将人体某些部位拉长、夸张和美化。受时装流行和不同的人文、地域、审美情趣等影响，不同时期的时装画中人体形象各有不同。例如，20世纪30年代流行的服装画人体修长圆润，呈现出古典美感，如图1.3-1所示；而20世纪60年代的服装画人体则瘦小纤细，如图1.3-2所示；21世纪的时装画凸显人体的骨感，夸张及各种风格不拘一格，极其丰富，有写实的，也有年轻人喜欢的卡通动漫风格的，如图1.3-3所示。

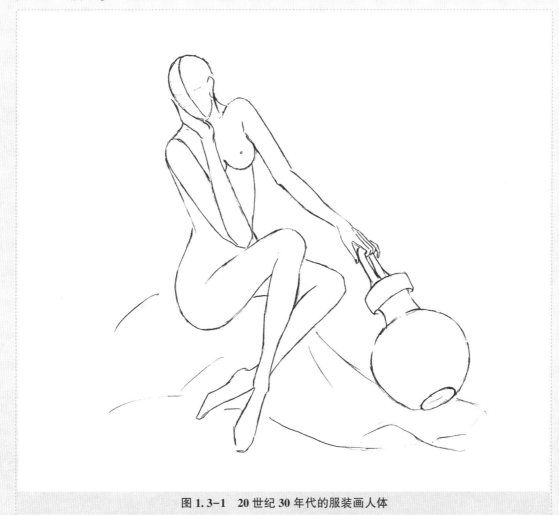

图 1.3-1 20 世纪 30 年代的服装画人体

图 1.3-2　20 世纪 60 年代的服装画人体

图 1.3-3　21 世纪卡通动漫风格的人体时装画

2. 女性人体夸张的部位

服装画人体的用途主要是展示服装形态。适当拉长服装画人体能表现人体着装的完美状态；同时，展示服装的目的又要求服装画人体有合理的比例。因此，在画人体时不要无节制地将人体拉长12~14个头长或极度夸张、变形，以免失去服装画人体的实际意义，而演变为纯以欣赏为目的的艺术性时装画。

时装画女性人体头部小、颈部细长、五官秀美、肩部柔和、胸部圆润挺拔、腰围细小、臀部挺拔俏丽，加上修长的腿部和四肢，使人体线条明确、玲珑别致。正因为女性人体曲线完美，所以初学者很难把握各部位弧度和幅度的大小；也因为女性人体的完美，人们通过描绘女性人体提高造型能力的同时，审美意识和鉴赏水平也在不断提高。

人体夸张的主要部位是颈部；其次是四肢，特别是拉长修长的腿，主要是小腿；躯干部的拉长并不明显。为了强调腿部的修长，往往会用正常的躯干来反衬之。但要适当强调腰身线条（耸起的胸部、纤细的腰部等），如图1.3-4所示。

3. 女性人体夸张的手法特征

在服装画中，对人体的夸张主要表现在头部、躯干和四肢。这种夸张可以是动态夸张或简化、概括夸张，也可以是变形和美化。

动态夸张是通过加大、强化动态的幅度来达到夸张效果；简化、概括则是通过突出重点、省略一些次要线条，并强调画面的留白来达到夸张效果，即意到笔不到，以一当十，以少胜多；变形则主要强调在提炼的基础上自由升华，从而形成独特的绘画风格。如图1.3-5所示。

当然，对人体的变形夸张，首先要在人体形态准确的基础上夸张、变形，否则基础不扎实、形不准，再怎么变形也很难符合人们的审美要求和习惯，因而不被认同。其次，服装画人体的夸张要与服装风格相协调。服装是神秘、忧郁的，夸张的风格也是内敛孤独的；而服装风格是怪异、可爱的，夸张风格也是装饰性的、大胆的，如图1.3-6所示。

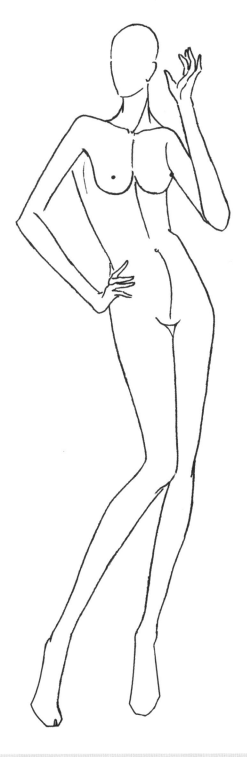

图 1.3-4 人体夸张的部位：颈、躯干和四肢

图 1.3-5　人体夸张的三种手法，动态夸张，简化、概括与变形

图 1.3-6　人体夸张与服装风格的协调

1.4 不同性别人体分析

就当代人们的习惯而言，时装这一概念泛指女装。事实上，时装的主流设计也是女性服装的设计，在学习服装画的过程中，通常也把女性服装画作为主要的学习内容。尽管如此，男装和儿童装依然是服装的组成部分。这里就不同性别人体比例关系大致做一个分析。

1. 女性人体

肩宽、腰宽、臀宽是女性人体的三个主要宽度，其中臀宽最为突出，其次是肩宽、腰宽。在现实生活中，标准女性人体头部约占整个肩宽的二分之一，如图1.4-1~图1.4-8所示。

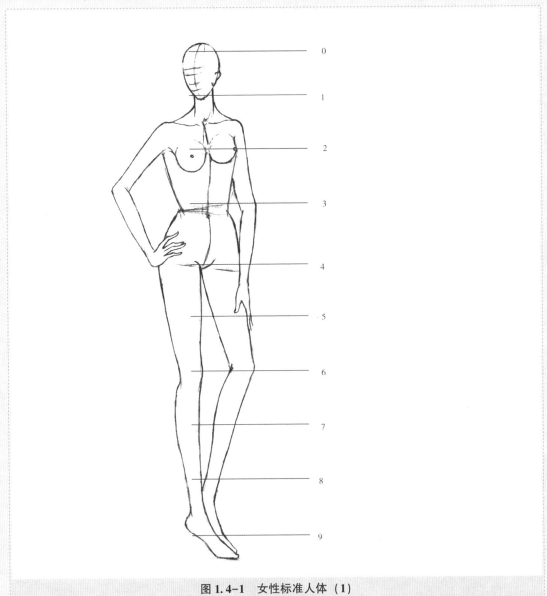

图1.4-1 女性标准人体（1）

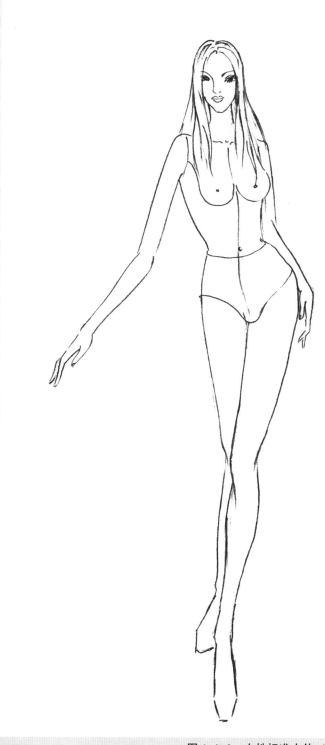

图 1.4-2　女性标准人体（2）

图 1.4-3　女性标准人体（3）

图 1.4-4　女性标准人体（4）

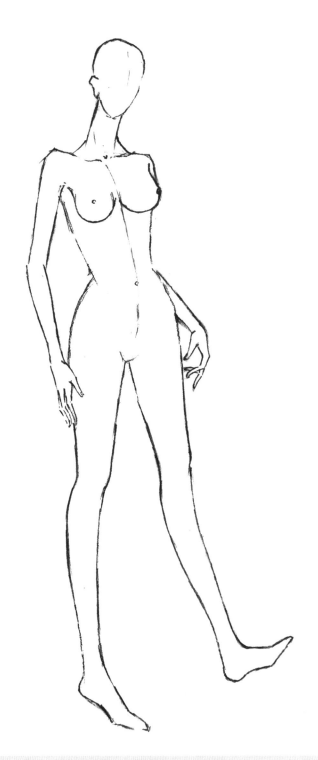

图1.4-5　女性标准人体（5）

图 1.4-6　女性标准人体（6）

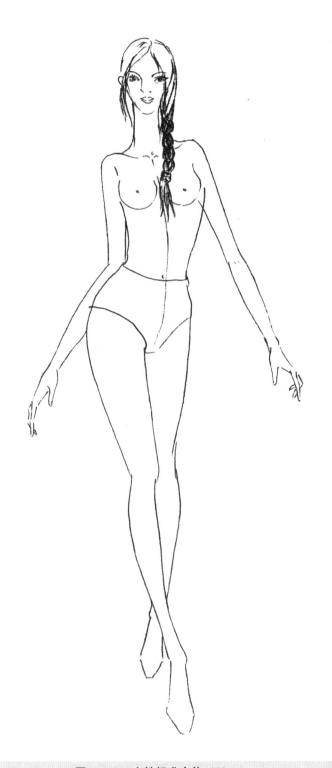

图 1.4-7　女性标准人体（7）

图 1.4-8　女性标准人体（8）

2. 男性人体

男性人体的主要宽度中，肩宽排在第一位，其次是臀宽和腰节部宽度，其臀腰差远没有女性人体那么明显，如图 1.4-9~图 1.4-13 所示。从纵向上与女性人体做差异对比，男性的腰节部位较女性低，也就是女性脐眼部位较男性高，显出修长的腿部；而男性下肢明显粗实。总体看，男性躯干呈倒梯形。

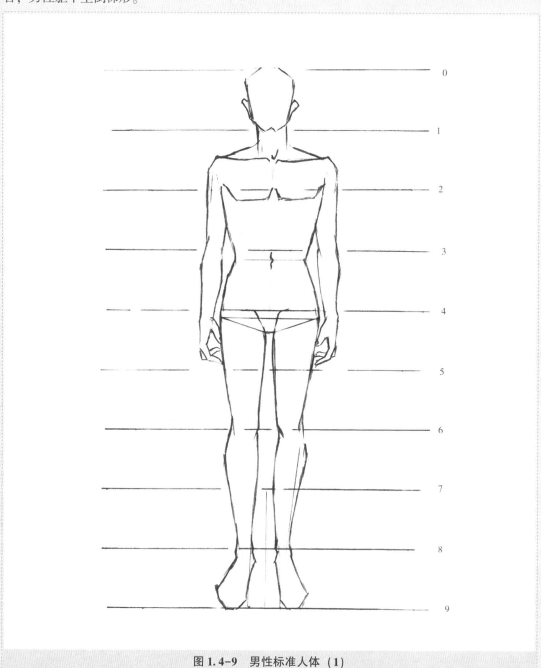

图 1.4-9　男性标准人体（1）

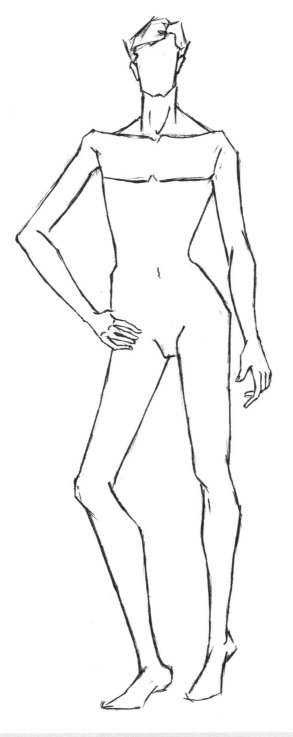

图 1.4-10 男性标准人体（2）

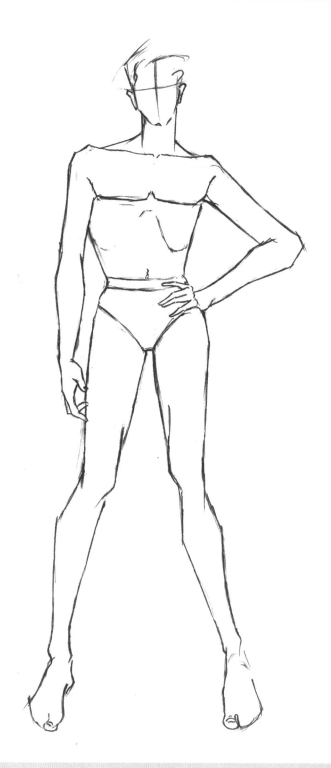

图 1.4-11　男性标准人体（3）

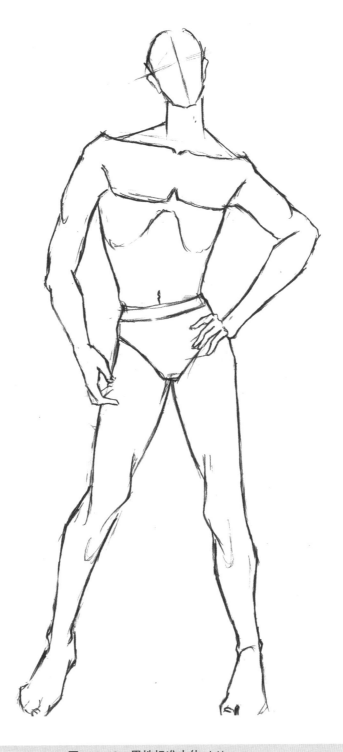

图 1.4-12 男性标准人体 (4)

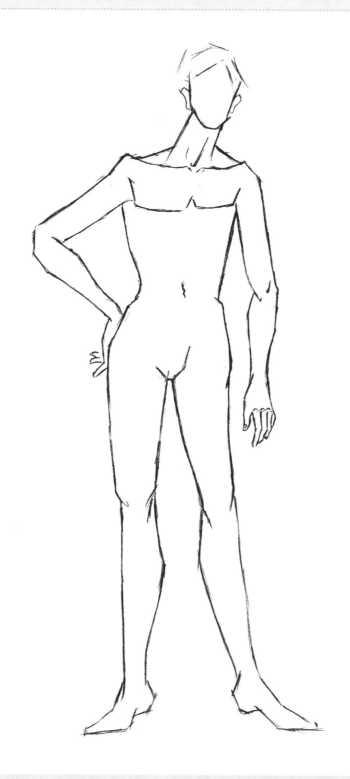

图 1.4-13　　男性标准人体（5）

3. 儿童人体

儿童人体根据年龄段通常分成婴儿、幼儿、少年和青少年人体；以头身高比例划分为4、5、6、7头长或4、5、7、8头长四种。

（1）婴儿为2~3岁。这个阶段幼儿的头部明显较大，躯干部无明显差异，肩、腰、臀几乎一样宽，长度也几乎相等。所有婴儿的头看起来都一样大，可以用身高、手臂和腿部形态的不同区别他们的年龄。

幼童的体态、神情非常有趣，其丰富的皮下脂肪使我们无法判断他们的关节位置，也看不到脖子。他们的标准人体比例关系为4个头长，如图1.4-14（a）所示。

（2）幼儿为4~6岁。大脑袋、大肚皮以及胖乎乎的手脚是这一阶段人体最明显的特征。幼儿通常以5个头为人体比例关系，如图1.4-14（b）所示。

（3）少年为8~12岁。这个年龄段一般处于小学时期，身体中儿时丰富的脂肪已开始消退，有一点突出的骨骼。少年通常以6~7个头为人体比例，如图1.4-14（c）所示。

（4）青少年为13~17岁。这个年龄段的青少年身体和成年人无太大区别，特别是女性青少年。青少年一般以8头身高为人体比例关系，如图1.4-15所示。

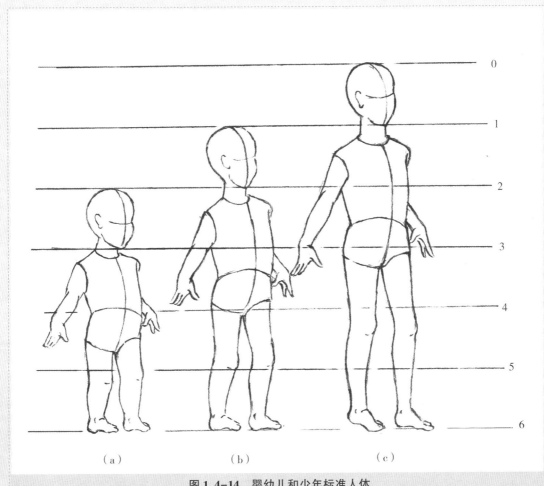

（a）　　　　　　　　（b）　　　　　　　　（c）

图1.4-14　婴幼儿和少年标准人体

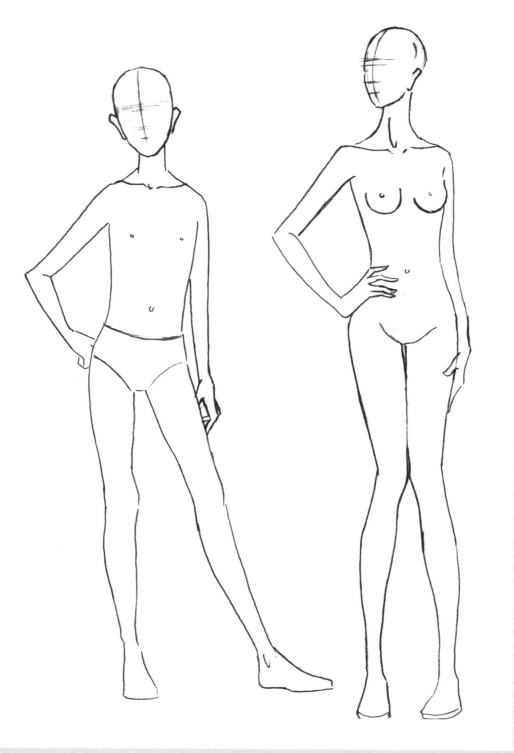

图 1.4-15　青少年标准人体

第二章
Chapter 2 | 人体各部位的表现

2.1 人体头部的表现

人体的头部，基本略呈蛋形，上圆中且偏平，下额狭长、圆中且方。人的头部从发际到眉毛，从眉毛到鼻子，从鼻子到下额各占1/3；眼睛基本在整个头长的1/2处。

时装画效果图中对人体头部的描绘，相对来说处于次要地位，但也不容忽视。人体中头部的运动变化主要依托颈部产生，一般情况下可随意左右调整，仰视、俯视角度应注意透视关系与人体姿态的协调性，首先应考虑头部角度变化与所表现的人体姿态、服装格调的协调。为了重点突出服装的多姿多彩，头部的表现尽量简练、概括。理想的头部比正常头部略长一些，长宽之比为3：2，五官的画法以曲线为主，其主要绘画步骤如图2.1-1所示。

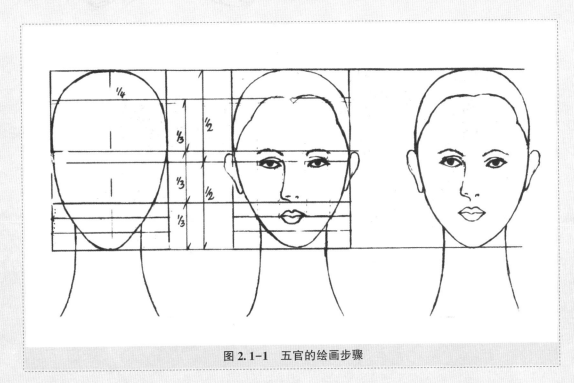

图2.1-1 五官的绘画步骤

生动的人物形象塑造离不开人物表情姿态的刻画。表情神态则依靠五官、发型得以充分体现。女性人物的气质、形象应尽量表现的秀美、柔和。

（1）颈部细长、眉清目秀的杏仁眼仍是表现东方女性的手法。稚气未脱、天真浪漫的少女和儿童的眼睛要画得圆润一些，眼珠呈球状，并且嵌在眼眶里；绘画时要特别留意浪漫、温和的淑女形象，高贵大方或神秘妩媚的贵妇形象，眼线要画得长一些。

（2）在绘画中，鼻子的基本形状可以想象为锲形。而时装画效果图中的鼻子往往只是略略带过；高挺的鼻梁仍是现代女性的追求；儿童或少女则以小圆孔、点或小半半圆弧简略刻画。

以上绘画手法如图 2.1-2～图 2.1-3 所示。

图 2.1-2　眼睛与鼻子的绘画表现（1）

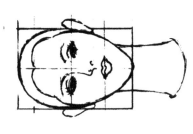

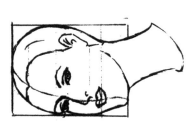

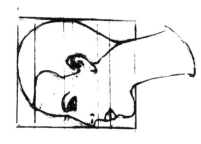

图2.1-3 眼睛与鼻子的绘画表现（2）

（3）嘴唇由肌肉组成，上唇薄而下唇厚，并且有各种各样的形态；虽然有时模特张嘴能看见牙齿，但描绘时并不将其一一刻画，而是一笔带过，如图2.1-4所示。

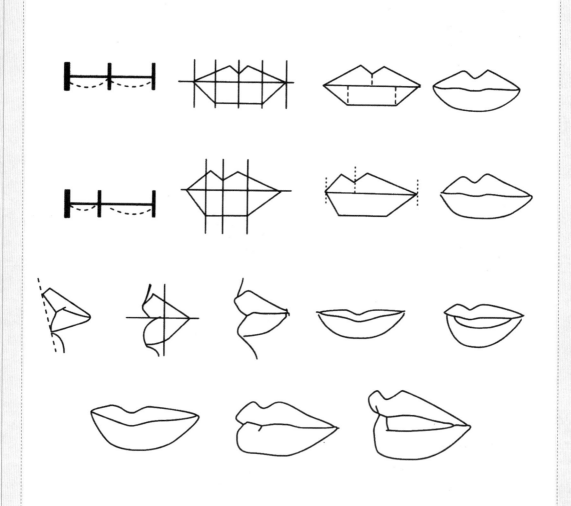

图 2.1-4　各型嘴唇的绘画方法

（4）耳部在效果图中是最不显眼的，往往只是略略几笔，但我们同样应该对耳部的轮廓及细节做一些练习，如其比例轮廓表现不到位，也会成为失败之笔，如图2.1-5所示。

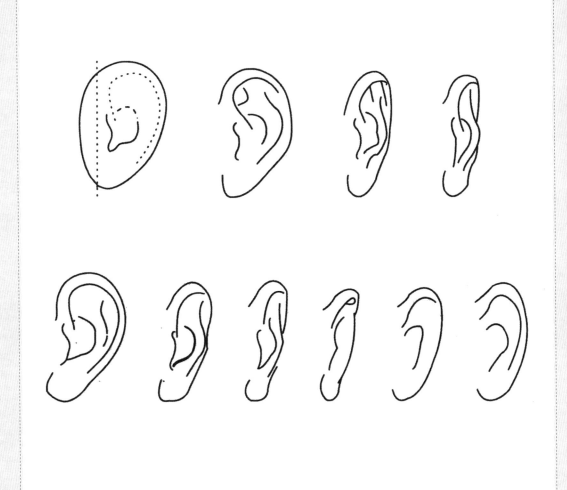

图2.1-5　耳部效果图

（5）表现五官要注意透视关系及风格搭配的协调。不同的角度，五官及脸部透视变化要一致。仰视时，眼角、眉梢、唇角方向同时向下，眼与眉之间的距离增大，鼻孔更加完整，下方至偏平，如图2.1-6～图2.1-7所示。

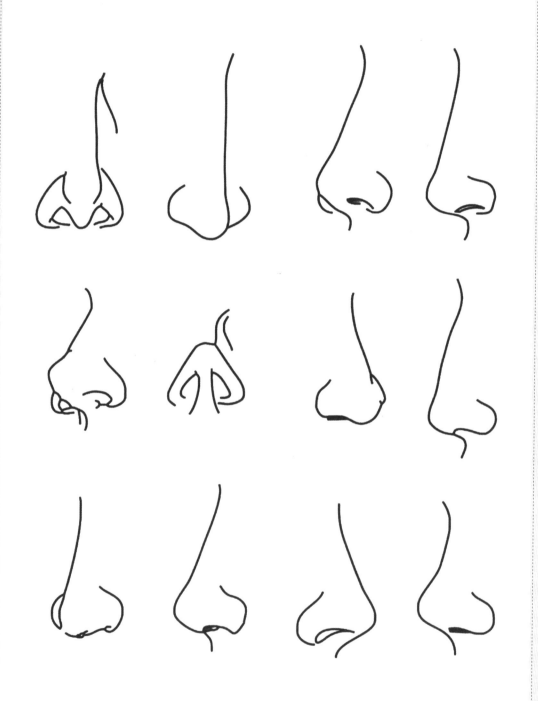

图 2.1-6　鼻子效果图

图 2.1-7 　眼睛与眼眉的透视效果

（6）不同的发型能表现出不同人物的性格和身份。在服装画中，发型的风格造型要与服装的风格一致，不然很难达到理想效果。在画头发造型时，要考虑到人的头是一个立体的鸡蛋形，头顶呈立体的球面，画头发时要略大于头部轮廓，头发的流向往下逐渐蓬松。先画出头发的造型结构线，在确定结构准确的前提下进行局部刻画，注意线条的疏密、起伏；用疏密表现简单的明暗层次，用起伏线表现出厚度，如图2.1-8所示。

在时装效果图中不宜过多进行人物局部刻画，往往采用一些简略的手法来表现，从而使人们将欣赏重点集中在服饰上，优美的人体及细节都是为了更好地展示服装。简略的画法其实更离不开平时的刻苦练习，精练的线条以一抵十，离不开仔细地观察和分析、提炼、取舍。

图2.1-8 不同发型效果图

（7）颈部的转动能够准确生动地烘托出服装画的气氛。通常以三个方向来表现颈部肌肉的变化。在效果图绘画中，颈部通常比正常人体长，这样给人的感觉更优雅。同时，颈部也是人体中重要的夸张部位。

颈部的基本形状为圆柱形。利用脖颈轮廓线之间的相互交错，就可以将颈部的转动表现出来，如图2.1-9~图2.1-10所示。

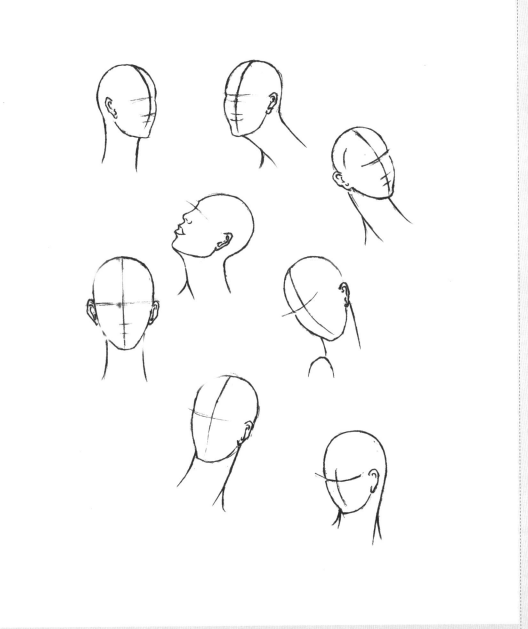

图2.1-9　颈部表现（1）

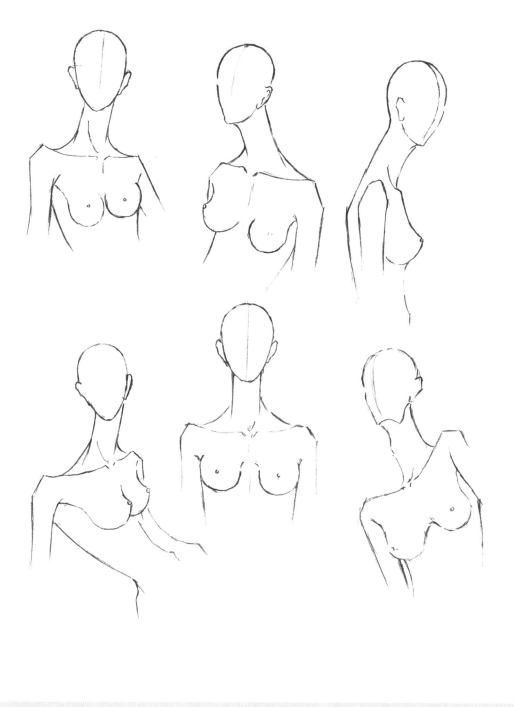

图 2.1-10 颈部表现（2）

2.2 人体四肢的表现

在画人体四肢时，必须时刻牢记它们都是立体的，具有空间造型感。

（1）手是人的第二表情。在时装画效果图中，手的姿态同样能很好地衬托出服装的美感。根据绘画的风格，对手的描绘一般不必过于精细具体，而是简洁生动。女性手指要显得稍长一点，体现柔和纤细之感，因此可采用省略法描绘。手及手臂的描绘效果如图 2.2-1~图 2.2-4所示。

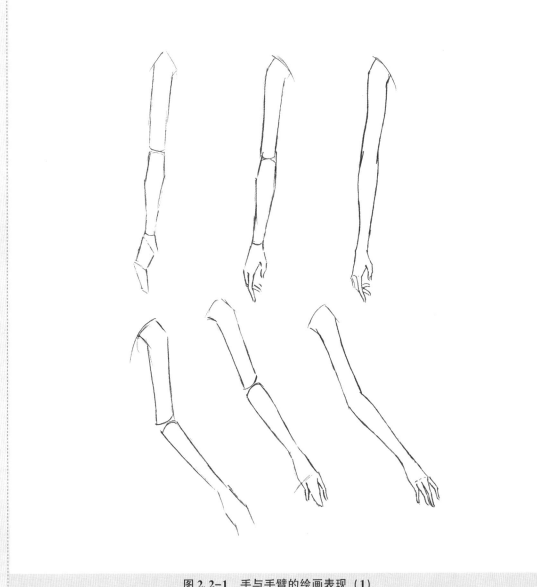

图 2.2-1　手与手臂的绘画表现（1）

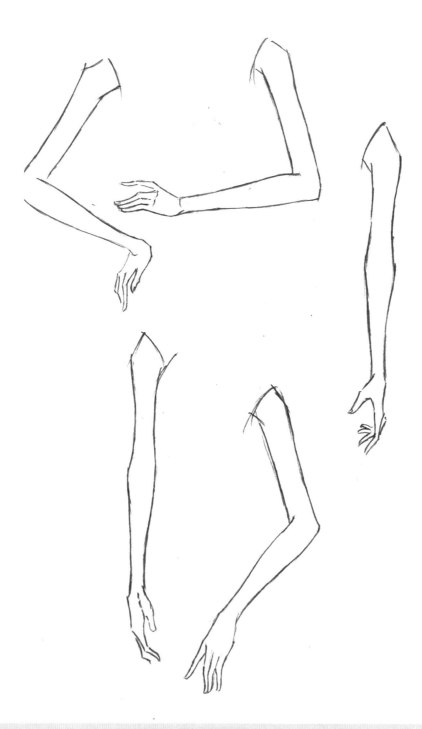

图 2.2-2　手与手臂的绘画表现（2）

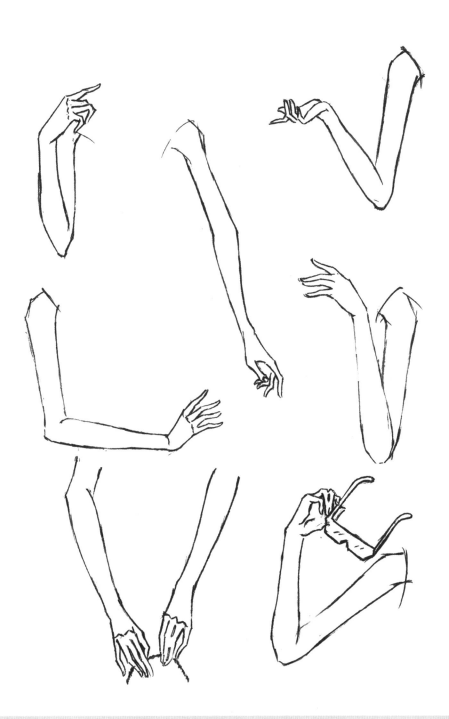

图 2.2-3　手与手臂的绘画表现（3）

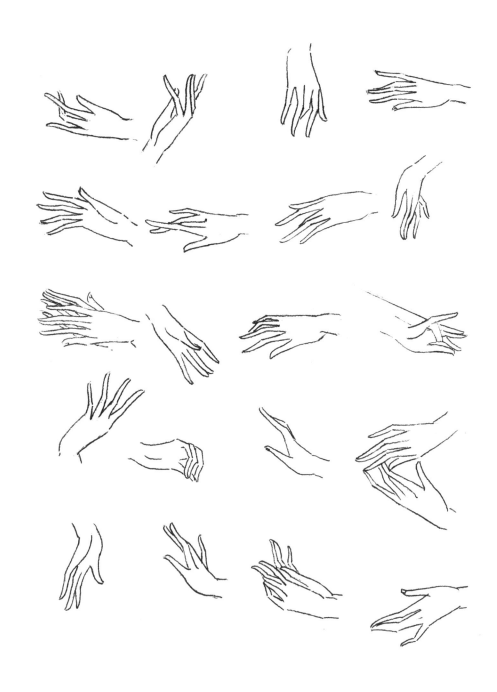

图 2.2-4　手与手臂的绘画表现（4）

（2）下肢、脚是全身重量的支撑点。脚是人体姿态的着力点，腿部的变化直接影响到人体姿态的变化。在效果图中，腿部一般要画得比正常比例夸张一些，这样人物显得婀娜多姿。注意不要把大腿画得过于圆润，这样会显得大腿比较粗，不符合现代审美观点；小腿肚的弧线变化要注意透视变化，如图 2.2-5 所示。四肢在人体中的表现如图 2.2-6~图 2.2-8 所示。

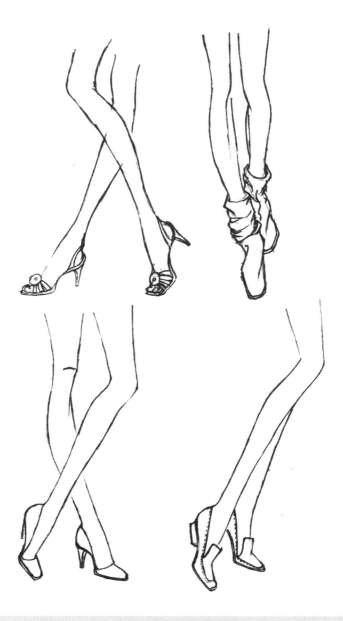

图 2.2-5　腿与脚的透视变化

图 2.2-6　四肢在人体中的表现（1）

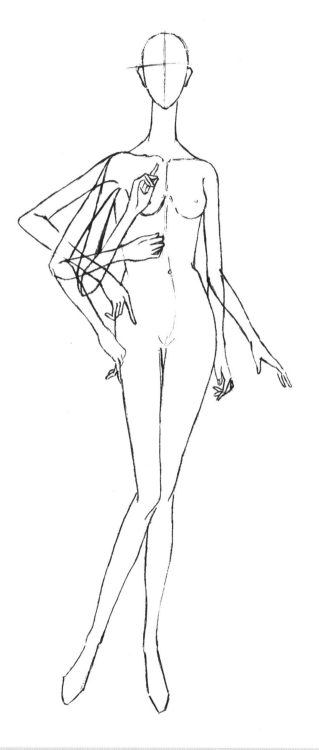

图 2.2-7　四肢在人体中的表现（2）

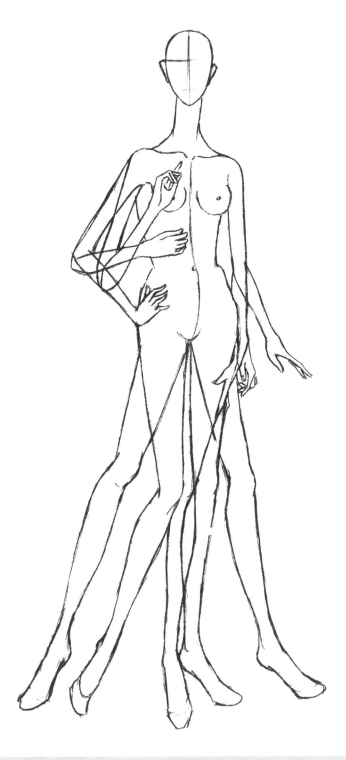

图 2.2-8　四肢在人体中的表现（3）

第三章
Chapter 3 | 效果图人物造型

服装研究的主要对象是人，人体造型是学习服装效果图表现的基础之一。

服装效果图是人体着装后的一种状态，人体知识是学习服装设计的必修课之一。

人体本身就是一件具有魅力的艺术品。在进行服装设计之前，我们应首先对人体的形体构造进行了解，准确把握人体形态，运用人体形态表现服装设计的特点。

在服装设计教学中，为了在平面中更好地捕捉模特身体的空间立体，就必须追求视觉上的匀称与和谐。具体来说，以头部的长度视为一个独立的标准单位，将人体均等划分为8个半、9个、10个甚至更高区段，按照这一理想比例进行绘画。成人身体虽然存在差异，但各部位比例基本相同。无论怎样夸张表现，其基础都是牢记7~7.5区段的人体比例，绘画者掌握正确比例关系的完整人体影像，将有利于人体各部位比例的表现。

3.1 人体各部位的比例关系

了解了人体身高的比例关系，我们再来对人体各部位之间的比例做进一步的探讨。

我们以9个头长人体比例（图3.1-1）为例。一般来讲，肩的宽度约为1.5个头长，腰围相当于1个头长，臀宽相当于肩宽。在绘画过程中可能会不经意间使比例失衡，如果稍微有一点点比例失调不会影响大局，不用刻意追求这种比例关系，重在感知。不过，初学者最好先力求准确再进行自我风格的展示。如第二章所述，无论怎样夸张人体比例，也要符合时代的审美标准和习惯并得到大众的认同。

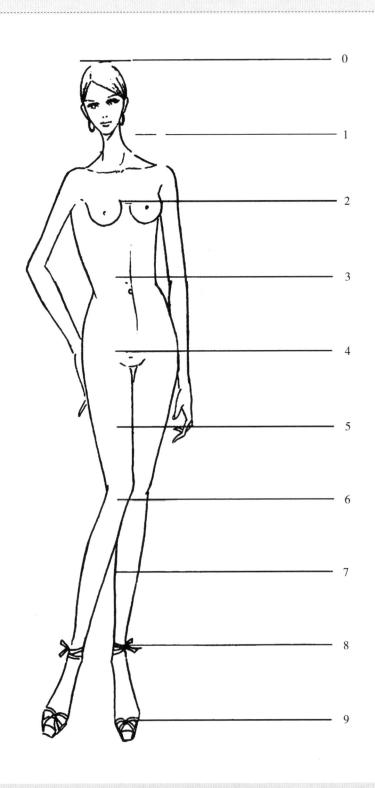

0

1

2

3

4

5

6

7

8

9

图 3.1-1　9 头身高人体比例关系

3.2 正面人体姿态的画法

1. 固定画法

一开始借助一些绘画工具，能有效控制人体各部位之间的比例关系，并记住这些比例关系。熟练之后可以反复练习，徒手勾画曲线成型，直到能够不假思索一气呵成。

绘画步骤如下：

（1）用素描纸画一条垂直线。将垂直线分为九等份，将头部画成一个基本的蛋形（一般头部长宽比例设定为 3∶2）；在 1.5 线区部位定出肩部的位置和宽度（宽度为 1.5 个头长）；在 3 区线定腰线位（腰宽为 1 个头长）；第 4 线为臀部（与肩宽相等）。把脚设计为立正姿态，踝骨位约为 1 个头宽。

（2）脖子约占头宽的 1/2 垂直往下连接至肩。将肩端点、腰节宽、臀围宽、脚踝处点连接起来。

（3）沿腰线向第五条线延伸，相交之处即为指尖位置；连接肩端点与指尖，形成手臂外臂线；肩端点略弧线画顺，稍微画上下臂的肌肉感。在 2 线略下方定出乳点、腹沟位置。

（4）在脖子上 1/2 处，小肩宽 1/2 处弧线画顺为肩斜。从腹股沟至外踝延长点（9 线）上引线为下腿内侧辅助线，画顺小腿肚、内踝；内踝高而外踝低。

（5）继续细部描绘。在颈部的 1/2 处与小肩部外端点 1/3 处弧线画顺颈肩点，画出手臂内外沿线，注意其弧线变化。腋下至腰节，腰节至肩宽画顺；下肢部分注意膝盖线在 6 线稍上位置向里偏斜，凸显出膝盖、小腿肚在 6~7 线之间；8 线稍上为脚踝，注意内外踝弧线的画法如图 3.2-1 所示。

人体正面比例的画法虽然较呆板，却能练习完整、准确的人体比例关系画法，为人体姿态的变化画法打下坚实的基础。

2. 变化画法

人体运动变化的姿态是人体在运动过程中的瞬间姿态。在绘画时，可以对人体一分为二的中轴线（人体中心线）进行不同状态的扭曲转折即人体中心线。

当人体正面站立时，肩宽线、腰节线、臀宽线均呈水平线，在画正面人体姿态时，正好形成二梯形。把腰线进行一定幅度的大小角度拉开，会形成各不相同幅度姿态的人体，如图 3.2-2~图 3.2-5 所示。

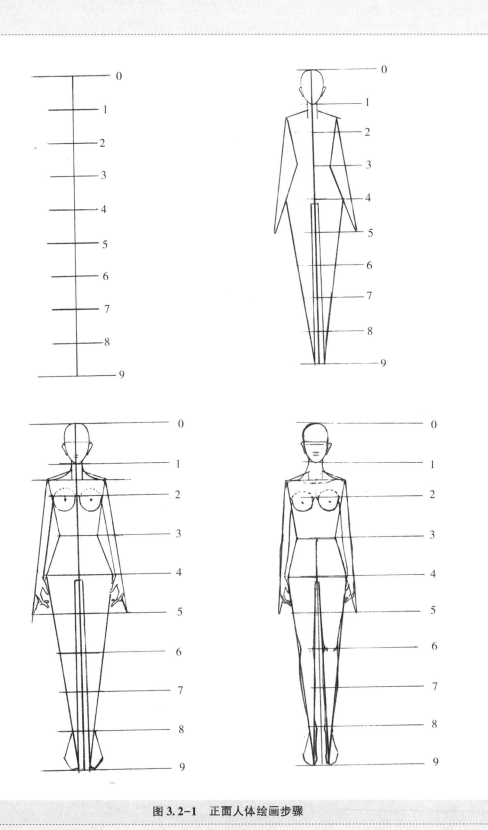

图 3.2-1　正面人体绘画步骤

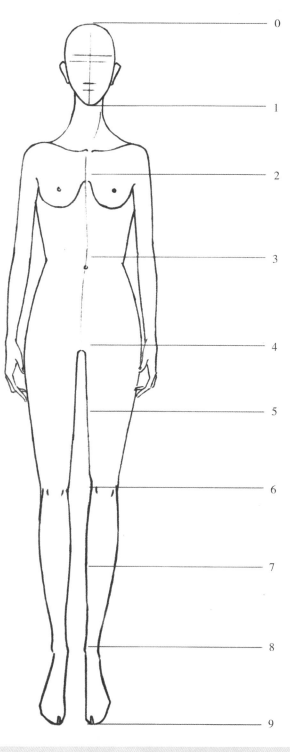

0

1

2

3

4

5

6

7

8

9

图 3.2-2　正面人体中心线静态

图 3.2-3　以中心线为轴变化腰线幅度（1）

图 3.2-4　以中心线为轴变化腰线幅度（2）

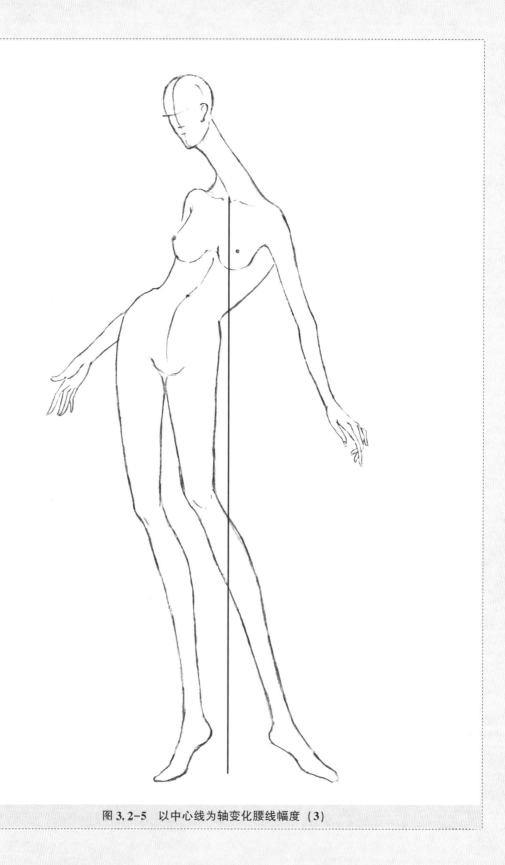

图 3.2-5　以中心线为轴变化腰线幅度（3）

3.3　人体姿态变化的画法

人体姿态的变化十分丰富，仔细观察时装模特的姿态，还是存在一定规律的。为了展示完整的时装款式，人物会随着人体角度而变化，适当夸张局部的比例来符合视觉要求，如风格端庄的服装选择身体扭动较小夸张的动态。随人体姿态的变化，人体在比例、透视形体、结构等方面会产生不同变化。画人体时需要了解透视原理。通过透视原理才能准确把握人体的姿态变化。

3.3.1　3/4侧面人体姿态变化的画法

在了解和掌握人体结构比例的基础上，按9头身高进行变化画法的练习。具体步骤如下：

（1）找准人体的中心线和重心。重心以颈窝往下与地垂直；要使人体平衡，重心始终保持在两腿之间或落在一条腿上，如图3.3-1所示。

（2）调整画准人体2个梯形部位比例。画准各个部位的关节，注意肩线与腰线的变化。通常情况下，受力点一边的肩斜线就会向受力点这边倾斜，腰节线会与其相反，形成一个交叉点；相交越快，幅度越大。也就是说，人体重心偏向一侧时，胸腔骨盆则向相反方向倾斜，使人体保持自然平衡，如图3.3-2所示。

（3）侧面姿态的人体宽度部位比例略比正面人体的比例窄。比例也是由人体侧面幅度大小来决定的，如图3.3-3所示。

（4）3/4侧面人体肩宽约为1.4个头长，腰节小于1个头长，肩与臀宽度相等，如图3.3-4~图3.3-8所示。

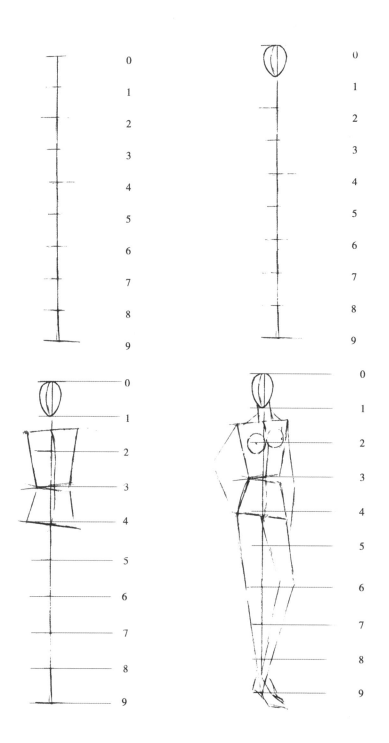

图 3.3-1　3/4 侧面人体姿态变化画法步骤（1）

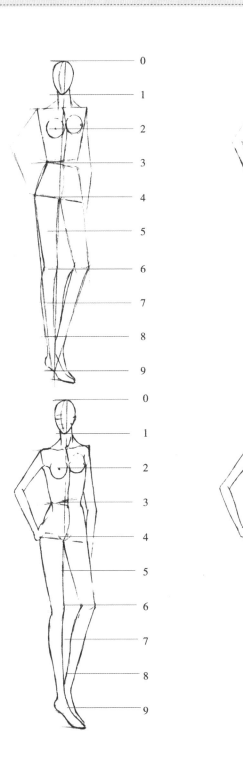

图 3.3-2　3/4 侧面人体姿态变化画法步骤（2）

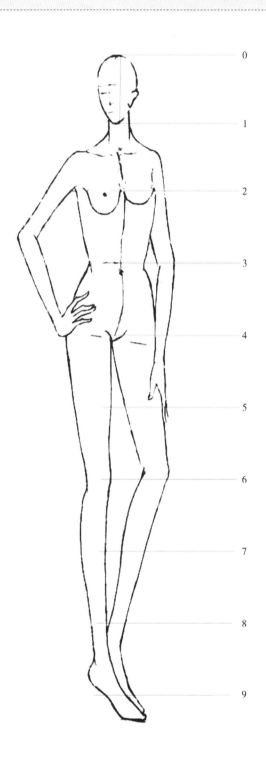

0

1

2

3

4

5

6

7

8

9

图 3.3-3　3/4 侧面人体姿态变化画法步骤（3）

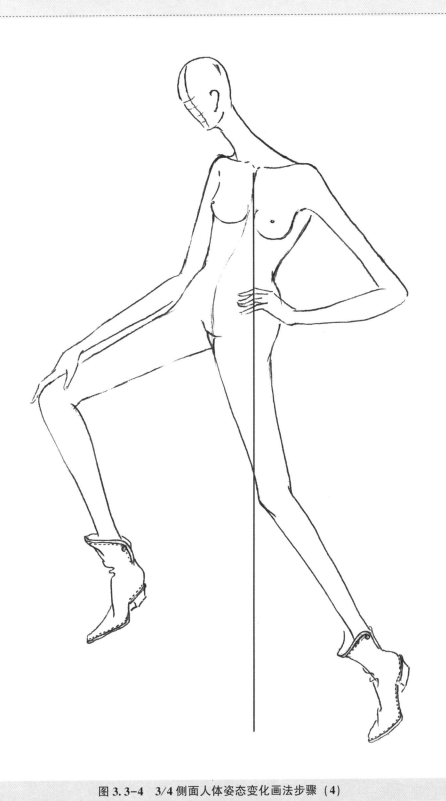

图 3.3-4　3/4侧面人体姿态变化画法步骤（4）

图 3.3-5　3/4 侧面人体姿态变化画法步骤（5）

图 3.3-6　3/4 侧面人体姿态变化画法步骤（6）

图 3.3-7 3/4 侧面人体姿态变化画法步骤（7）

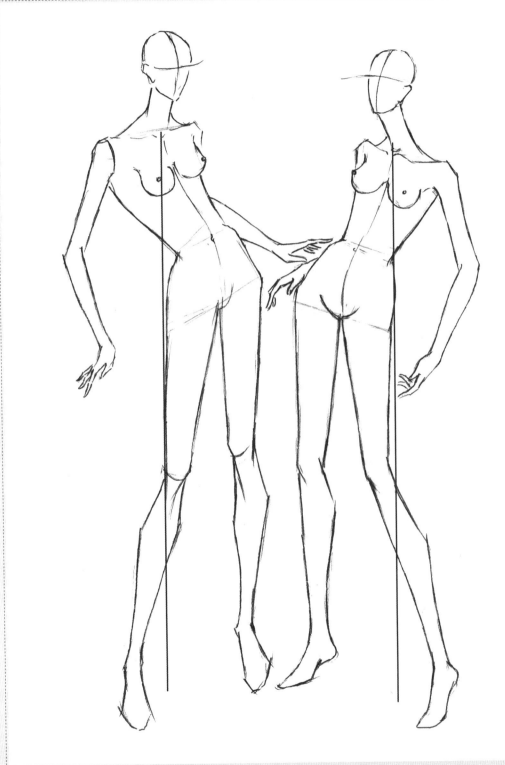

图 3.3-8　3/4 侧面人体姿态变化画法步骤（8）

3.3.2　侧面人体姿态变化的画法

（1）头和躯干部分姿态相同，仅由手臂和腿部的姿态变化而产生不同的造型姿态，如图 3.3-9~图 3.3-10 所示。

（2）躯干部分姿态相同，而其余部分产生变化，随之产生的新的造型，如图 3.3-11 所示。

（3）腰部、胸部扭动，躯干的中心线呈 S 形转折，肩线和臀线成不同角度变化随之产生的新的人体造型，如图 3.4-12 所示。

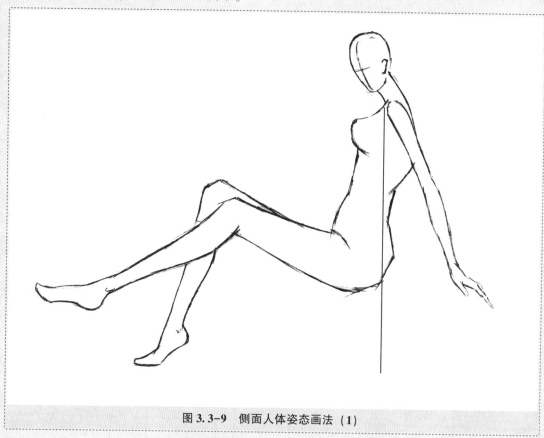

图 3.3-9　侧面人体姿态画法（1）

实用服装造型表现

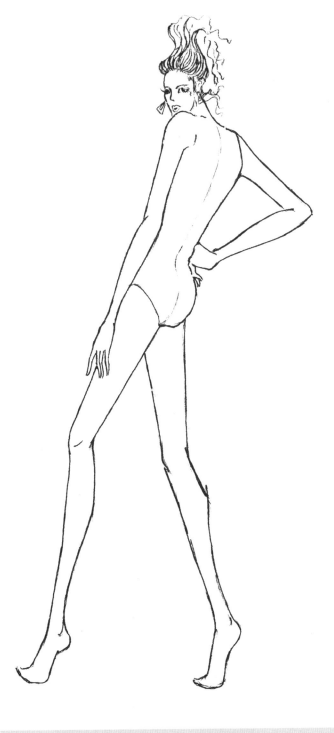

图 3.3-10　侧面人体姿态画法（2）

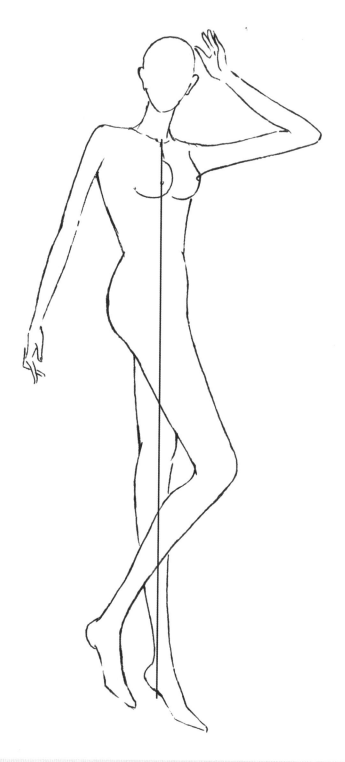

图 3.3-11 侧面人体姿态画法 (3)

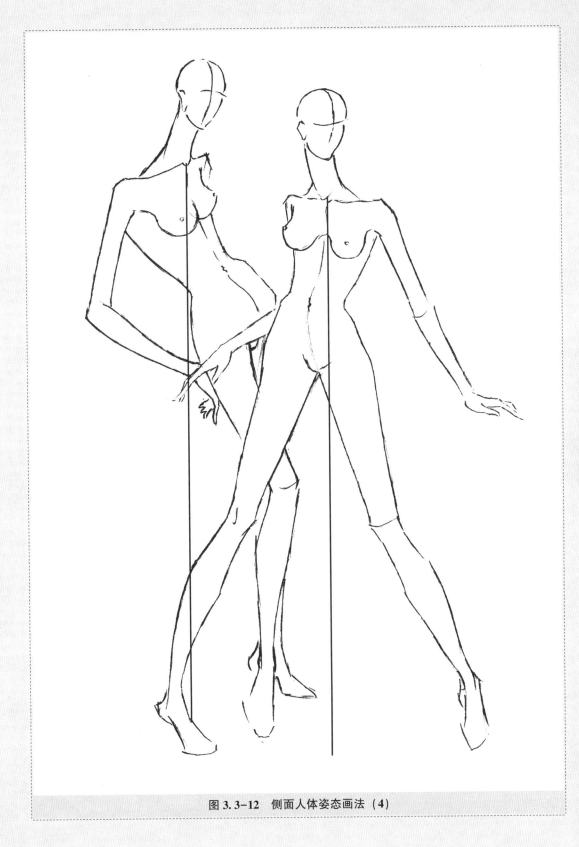

图 3.3-12　侧面人体姿态画法（4）

3.3.3　运动中人体姿态的画法

（1）依据人体的基本形，注意人体运动的规律，掌握人体的重心和透视关系，进行一小部分幅度变化，如图3.3-13所示。

（2）人体的头部、胸腔、骨盆三部位的协调性。四肢可视为8段圆柱体，手足为4个锲形体；颈椎、腰椎是人体活动的关键，调整人体的重心，使其偏向一侧时，将下肢前后左右关系做不同调整，可构成各种运动姿态造型，如图3.3-14所示。

运动中人体姿态的绘画应注意双脚分开，重心落在较大支撑面内，如双脚用力均匀，重心在两脚趾间；双脚用力不同，重心偏向用力大的那一方；一脚站立，重心线从颈窝点到重力脚上，如图3.4-15所示。

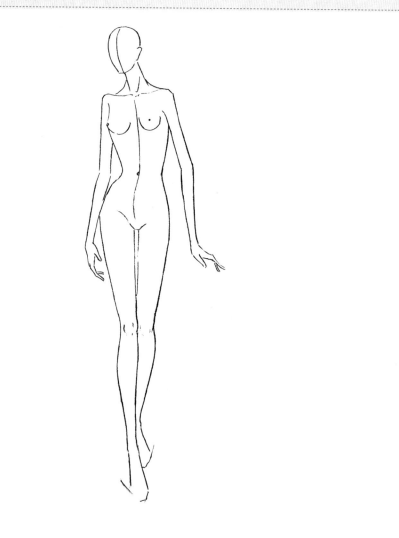

图3.3-13　运动中人体姿态的画法（1）

图 3.3-14　运动中人体姿态的画法（2）

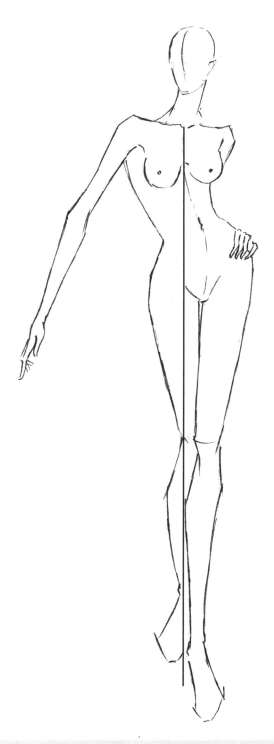

图 3.3-15 运动中人体姿态的画法（3）

3.3.4 系列组合人体的表现

两个人体以上的构图组合称为一个系列。3人为小系列，5人为中系列，6人以上称为大系列。

（1）把两个及以上的人物动态进行组合时，画面要注意视觉的均衡、节奏及层次感，如图3.3-16所示。

（2）采用不同的角度进行各种姿态组合，动态与静态、坐姿与站姿形成错落有致的画面，增加形式美感，如图3.3-17~图3.3-18所示。

（3）在动态上除了整体造型以外，局部中的颈部、手部、脚的表现也十分重要，能构成人体姿态的丰富感，使画面显得生动自然，能加强效果图的某种氛围，如图3.3-19所示。

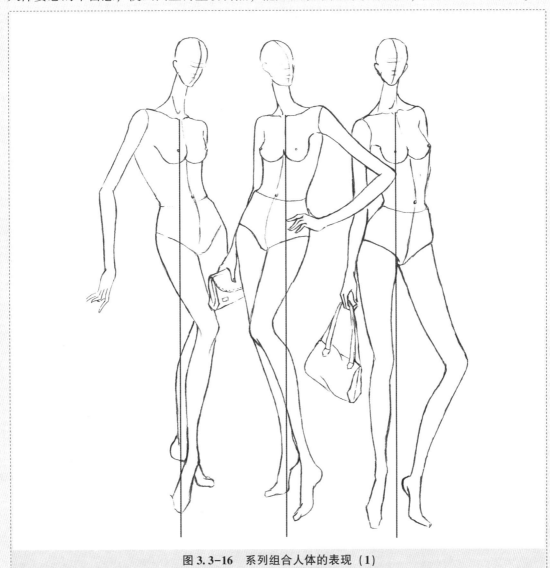

图 3.3-16　系列组合人体的表现（1）

图 3.3-17 系列组合人体的表现 (2)

图 3.3-18 系列组合人体的表现 (3)

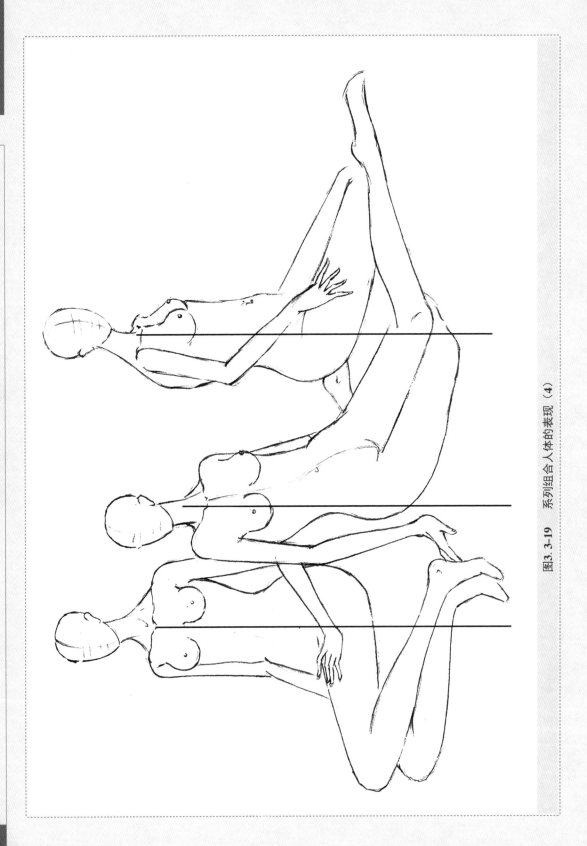

图3.3-19 系列组合人体的表现（4）

第四章
Chapter 4 | 人体着装设计表现

4.1 学习人体着装的方法

人体着装是在设计构思中选取某一理想人体姿态，在人体上画出服装。

学习人体着装前，一般先从临摹一些优秀的作品入手。了解衣服在人体上的着装形态，仔细观察人体姿态所产生的各种衣纹、衣褶；加深理解后，可尝试采用同一人体姿态表现不同风格的服装，前提是所选择的人体或服装在造型风格上要统一、协调。如此循序渐进，积累衣纹、衣褶的表现方法，先加以运用，再进行创意设计，如图4.1-1～图4.1-3所示。

图 4.1-1　人体着装临摹（1）

图 4.1-2　人体着装临摹（2）

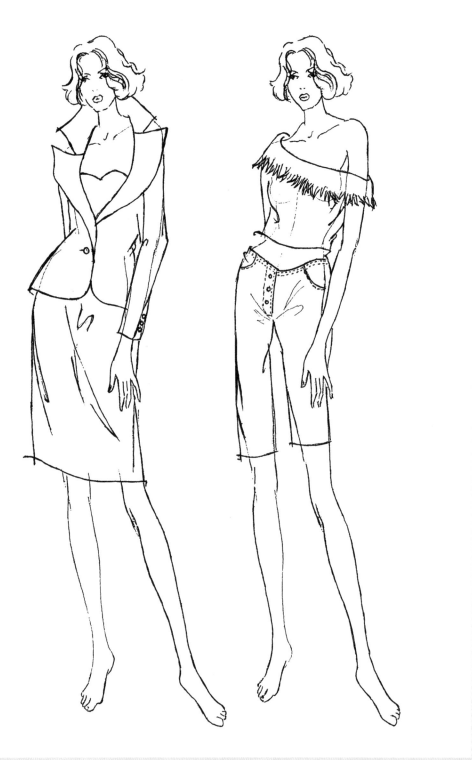

图 4.1-3　人体着装临摹（3）

4.2 衣纹和衣褶

对任何物象的描绘均离不开日常生活中的观察和分析。即使是一个简单的构思图，如果没有平时对生活物象完整的概念，设计时也无从下手。对于初学者来说，学习的过程也是训练的过程，切忌眼高手低。一开始要从常规的、简单的、有完整概念的款式入手，以加深对服装的了解。同时，学习中要遵循循序渐进的原则。把每个物象（服装结构款式）表达到位，清晰可见，不要过多追求花俏，力求简洁。

4.2.1 衣纹的表现

1. 飘纹

飘纹指面料没有经过抽褶，通过面料本身轻飘的自然形态、结构、位置起伏悬垂下来所产生的衣纹。根据面料差别或设计的需要，可重叠悬垂，悬垂的量可大可小，形成的褶边宽度也可宽可窄，有时即使是硬挺的服装材料也可产生飘纹。

2. 折皱纹

叶边形折褶时，褶纹受衣服材料的影响，褶纹类似荷叶边的效果。叶边丰满度与形成的衣纹由设计者依据构思或织物的厚薄及柔软度来决定。

这种效果多用于宽摆裙的下摆，袖山高与肩端点连接处，袖克夫（袖头）、领围线是主要突出部位。

3. 橡筋线、抽褶纹

橡筋线、抽褶纹是指用橡筋或线对面料进行抽褶的一种缝制方法，一般形成的褶纹较细。抽褶可以在服装的任何位置，如侧缝、前胸、后背、前门襟，从上至下，甚至可以一条一条重复排列。

4. 折裥纹

折裥纹一般由结构造型将面料重叠后形成。根据结构造型的要求有阴裥和阳裥，由两根较规范的线垂直向下呈微喇叭形展开。

5. 荡纹

荡纹的最大特点是呈线圈轮廓结构排列，起伏感大小均匀，可以设计在服装的领子、袖子、裤侧、裙侧等部位。

6. 堆积纹

堆积纹指服装材料受到外力影响，形成挤压集结在一起，集结较多而形成厚度层式体积感的衣纹，一般是由于下摆或裙摆的长度形成拖地。也就是设计多余长度余量，线条粗而重，远离束缚或下垂处的线条细而轻，多发生于束腰处、礼服的拖地长裙等。

7. 挤纹

挤纹是由于人体活动部位弯曲使面料受到挤压，在关节的内侧产生的衣纹，多发生于手肘臂弯处，一般呈现旋线圈式、弯勾式等。

8. 张力纹

张力纹是由于膝盖、手肘外侧向内弯曲或向前抬起，顶住裤腿而产生的衣纹线，多产生于手臂和腿中间部位，线条长而直。纹路在受力部位圆润，在收尾处较细小、轻柔，逐渐由受力部消失。

9. 结构纹

结构纹是由于面料线条发生扭曲而产生的衣纹，线条呈S形，头尾线条虚，中间实，多发生于袖子与腰部。

以上为常规衣纹，随着设计创作的需求会产生更多变化的衣纹，灵活运用和掌握服装衣纹的正确表现，有助于提升服装款式和效果图的整体美感，也能更好地服务于生产工艺。另外，每一张效果图都不是由单一衣纹、衣褶构成，一般是由综合技法构成的，如图4.2-1所示。

4.2.2 衣纹、衣褶表现示例

1. 各部位衣纹的表现形式

各部位衣纹的表现，如图4.2-1~图4.2-4所示。

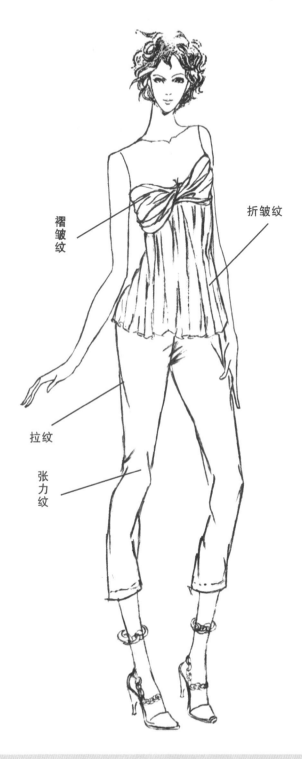

褶皱纹

折皱纹

拉纹

张力纹

图 4.2-1　衣纹、衣褶的综合技法表现

张力纹

挤纹

挤纹   拉纹

图 4.2-2　各部位衣纹表现（1）

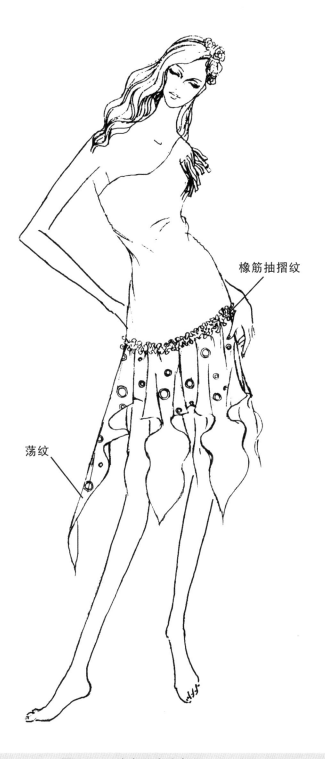

橡筋抽摺纹

荡纹

图 4.2-3 各部位衣纹表现（2）

张力纹

飘纹

图 4.2-4　各部位衣纹表现（3）

2. 不同人体姿态的衣纹、衣褶构成

不同人体姿态的衣纹、衣褶构成，如图4.2-5~图4.2-14所示。

图 4.2-5　不同人体姿态的衣纹、衣褶构成（1）

图 4.2-6　不同人体姿态的衣纹、衣褶构成（2）

图 4.2-7　不同人体姿态的衣纹、衣褶构成（3）

图 4.2-8　不同人体姿态的衣纹、衣褶构成（4）

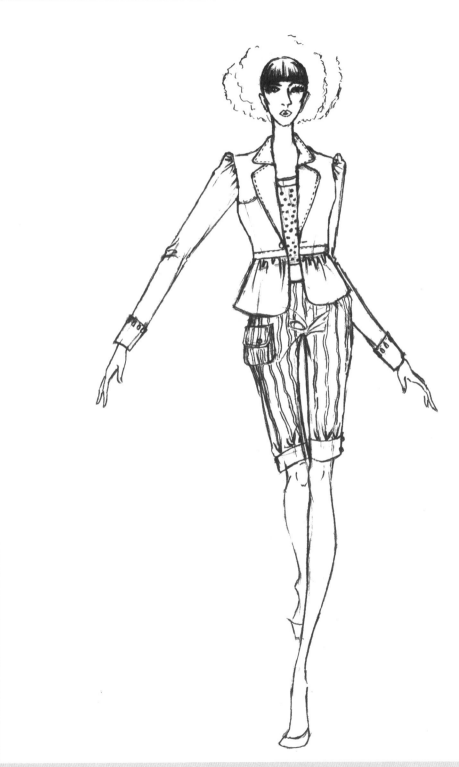

图 4.2-9　不同人体姿态的衣纹、衣褶构成（5）

图 4.2-10　不同人体姿态的衣纹、衣褶构成（6）

图 4.2-11　不同人体姿态的衣纹、衣褶构成（7）

图 4.2-12　不同人体姿态的衣纹、衣褶构成（8）

图 4.2-13　不同人体姿态的衣纹、衣褶构成（9）

图 4.2-14　不同人体姿态的衣纹、衣褶构成（10）

4.3 人体着装实例

4.3.1 人体着装的步骤

（1）根据设计构思选择合适的人体姿态。注意不必花太多的时间深入刻画人体，可以粗略的形态表现，但人体造型结构一定要准确优美，如图4.3-1所示。

（2）依据设计构思勾勒服装的外形。同时可粗略确立服装的内部结构，衣纹、衣褶，注意线条要轻轻勾勒，以免太死板、线条不易擦拭修改，如图4.3-2所示。

（3）进一步刻画衣服的结构构型。加深加强已确立的结构线，以及人体的部分细节，如局部衣服装饰，衣纹、衣褶、配饰等，如图4.3-3所示。

（4）细节描绘。表现大致的明暗关系。观察修饰整体，擦拭掉各种多余的辅助线，完成着装线稿，如图4.3-4所示。

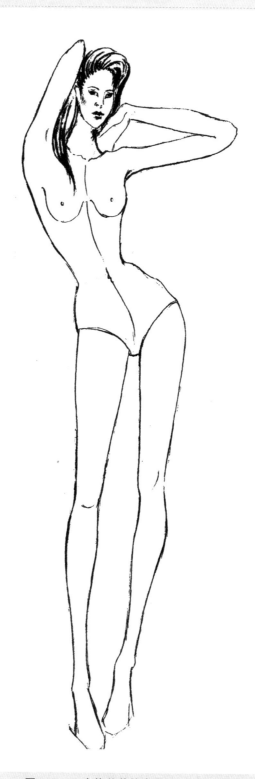

图 4.3-1　人体着装的步骤 (1)

图 4.3-2 人体着装的步骤（2）

图 4.3-3 人体着装的步骤 (3)

图 4.3-4　人体着装的步骤（4）

4.3.2 人体着装示例

1. 女装着装示例
女装的着装步骤如图 4.3-5~图 4.3-21 所示。

图 4.3-5 女装着装示例一 (1)

图 4.3-6 女装着装示例一（2）

图 4.3-7　女装着装示例一（3）

图 4.3-8　女装着装示例一（4）

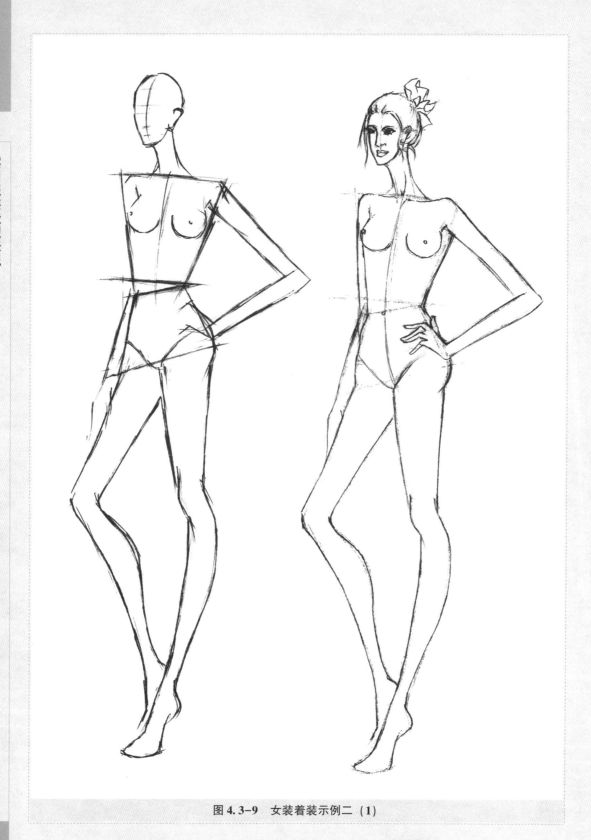

图 4.3-9　女装着装示例二（1）

图 4.3-10 女装着装示例二 (2)

图 4.3-11　女装着装示例二（3）

图 4.3-12　女装着装示例三（1）

图 4.3-13　女装着装示例三（2）

图 4.3-14 女装着装示例四（1）

图 4.3-15　女装着装示例四（2）

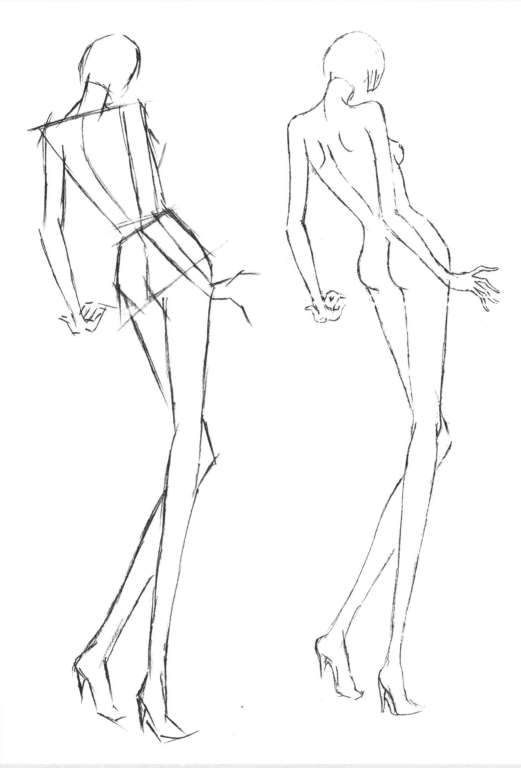

图 4.3-16 女装着装示例五 (1)

图 4.3-17　女装着装示例五（2）

图 4.3-18　女装着装示例五（3）

图 4.3-19　女装着装示例六（1）

图 4.3-20　女装着装示例六（2）

图 4.3-21 女装着装示例六（3）

2. 男装着装示例
男装的着装步骤如图 4.3-22~图 4.3-27 所示。

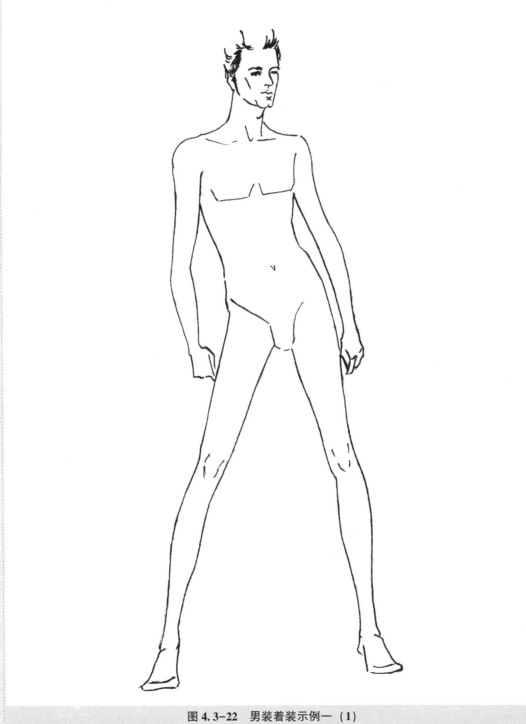

图 4.3-22　男装着装示例一（1）

图 4.3-23　男装着装示例一（2）

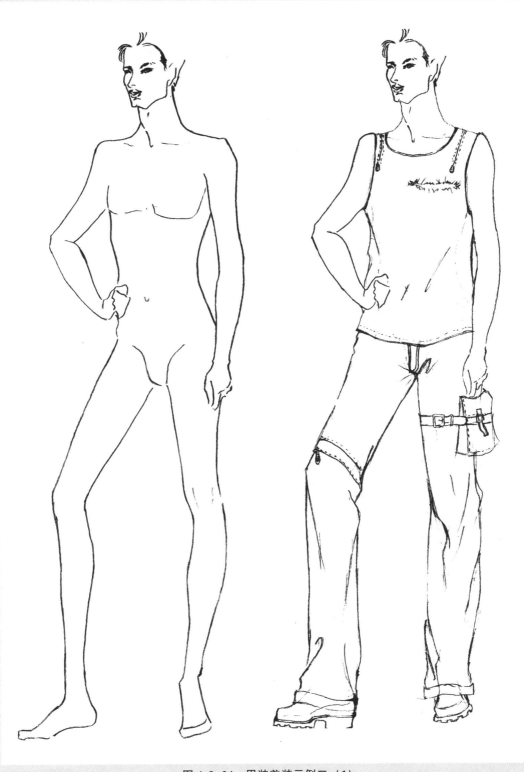

图 4.3-24　男装着装示例二（1）

图 4.3-25　男装着装示例二（2）

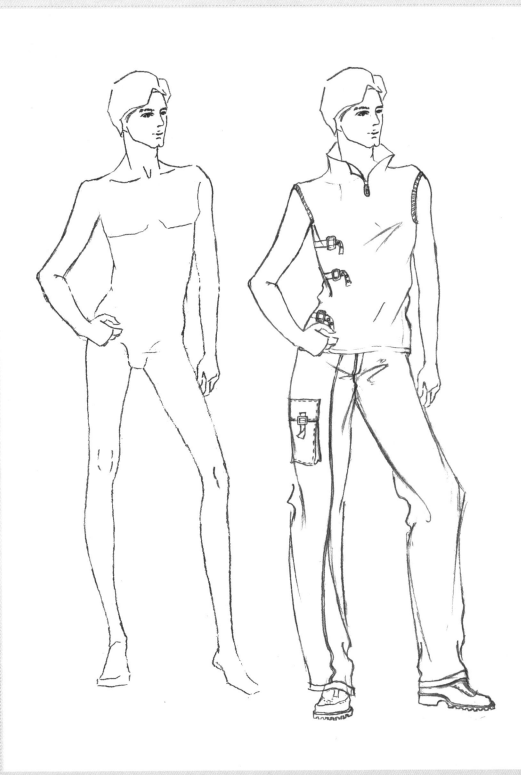

图 4.3-26 男装着装示例三

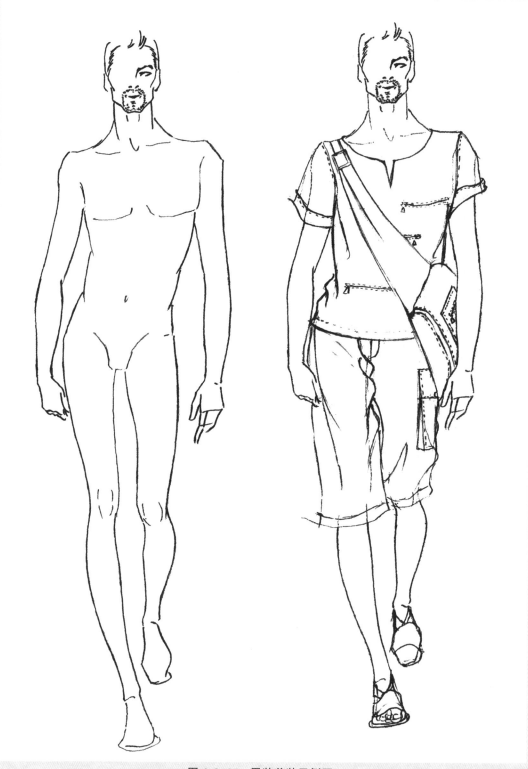

图 4.3-27　男装着装示例四

第五章
Chapter 5 | 效果图的色彩表现

　　服装画中所采用的绘画工具、绘画颜料和纸张很多，表现手段也很丰富。一般选用的工具有彩色铅笔、油画棒、色粉笔、麦克笔、铅笔、炭精笔、签字笔、喷笔，以及各种毛笔；绘画颜料有水粉、水彩；纸张包括水彩纸、水粉纸、素描纸及色卡纸等。服装画中所讲的表现技法，实际上就是运用绘画工具及材料本身所具有的特性去摹仿服装面料外观的肌理特征以简练的手法，将其准确地表现出来。

　　本章着重介绍水粉平涂、水彩淡彩、彩色铅笔的特性和表现方法。色彩表现的具体步骤如图5.1-1~图5.1-6所示。

　　（1）用粗略的线条勾勒人体，尽可能地做到比例准确，姿态选择与服装构思协调统一，能通过人体充分展示服装所表达的服装效果。

　　（2）用铅笔草勾服装外部轮廓及主要结构，注意人体与服装的空隙与贴合的关系；同时可描绘画出服饰用品（鞋或服饰）。

　　（3）加强服饰细节刻画，擦除被衣物覆盖的人体线条，进一步加深服装结构线，使外部轮廓更清晰明了；同时描绘人体头部、五官及发型，轻绘人体皮肤固有色，可以把暗部稍加强。

　　（4）用色轻轻描绘出服装的固有色（这里使用的是水彩淡彩表现技法），从暗部落笔，至明亮部或高光部收笔，使其自然产生明暗、深浅、虚实关系。

　　（5）进一步加深服装、服饰、皮色，加深暗部、提高亮部；高光部不用上色自然留出高光。注意水色的饱和度，忌一步到位，分步上色能有效地控制上色效果。

　　（6）整体用色修饰，深入刻画暗部、细节，五官、发饰、整体色调、饱和度达到理想效果即可。

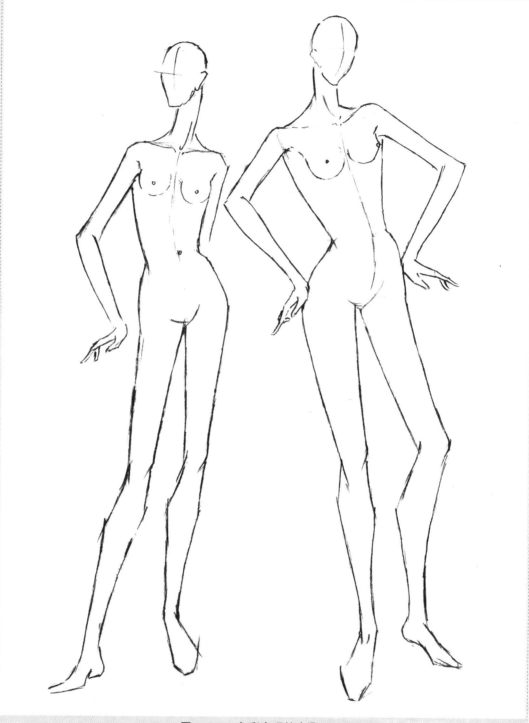

图 5.1-1　色彩表现的步骤（1）

图 5.1-2　色彩表现的步骤（2）

图 5.1-3　色彩表现的步骤（3）

图 5.1-4　色彩表现的步骤（4）

图 5.1-5　色彩表现的步骤（5）

图 5.1-6 色彩表现的步骤（6）

5.1 水粉平涂的表现技法

水粉平涂是最基本的表现技法。一般采用水粉画颜料，把水粉颜料和水粉充分调均匀，保持平涂时效果平整，而且有绒面质感。笔带颜料要尽量饱和，笔刷朝一个方向平涂。水粉平涂的技法画面具有较强的装饰性，常用于线条结构较为单一且画面风格较为规范的块面效果图。适宜表现厚重具有绒面感的服装面料，或小块的皮革面料。

具体步骤：一般先平涂，再用浅一度或深一度的色线勾线；或沿结构线留白。可以规整地留白，也可稍作变化使其更具特色，如图 5.1-7~图 5.1-9 所示。

图 5.1-7　水粉平涂技法（1）

实用服装造型表现

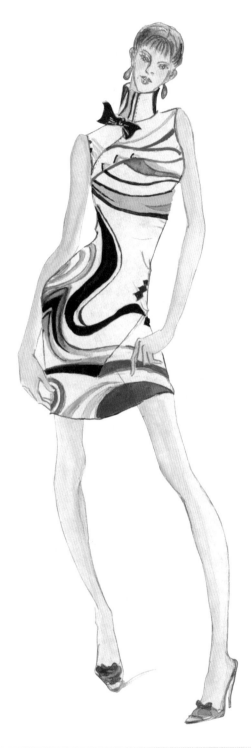

图 5.1-8　水粉平涂技法（2）

图 5.1-9　水粉平涂技法（3）

5.2 水彩淡彩的表现技法

水粉淡彩是效果图中最广泛使用的一种技法，能够快速表达服装的色彩效果，特别适用于结构线非常丰富的线稿，具有独特的效果又易于表现，并不过多或刻意追求明暗关系。一般先落笔处色彩较暗，收笔处较明朗，自然产生明暗、虚实关系。淡彩虽不具备重彩那种极其丰富的明暗变化，却也不失明快简洁的色彩效果。

淡彩所用颜料可以是水彩，也可用水粉洗色的方法来进行。

洗色就是先将调好的颜色平涂、勾勒或稍加变化画于款式上，然后用蘸有少量清水的毛笔洗掉需要浅淡表现的部分，使之有光亮感，如高光和受光部分。

淡结构面较大时，可以沿结构线逐渐晕染，大面积处可直接留白，使之具有丰富的虚实、明暗关系。应注意晕染时不宜有明显的笔刷水花，以免产生污渍感。此技法吸收了国画里工笔兼写意的画法，具有酣畅淋漓、鲜明生动的特点，如图5.2-1~图5.2-4所示。

图 5.2-1 水彩淡彩技法（1）

图 5.2-2 水彩淡彩技法 (2)

图 5.2-3　水彩淡彩技法（3）

图 5.2-4　水彩淡彩技法（4）

5.3 彩色铅笔的表现技法

　　彩色铅笔由于其本身的材质具有一定蜡性，所以在绘图过程中，与纸张发生摩擦时会产生一些小的颗粒，有一定的粗糙感，颜色的深浅变化和色与色之间的配比可以通过手动用力大小进行调和。此技法适合表现的服装面料有编织服装、毛皮服装、婚纱及某些粗纺面料，如图 5.3-1~图 5.3-2 所示。

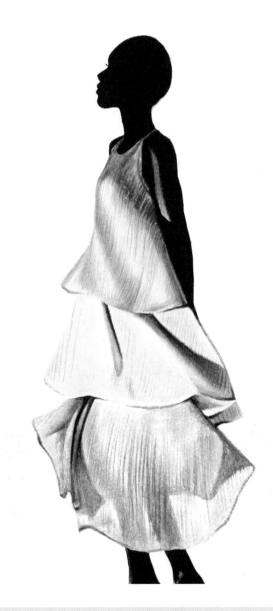

图 5.3-1　彩色铅笔技法（1）

图 5.3-2　彩色铅笔技法（2）

5.4 马克笔的表现技法

　　马克笔也称大头笔、麦克笔、迈克笔、白板笔。其一头为方头或大头，一头为圆头或小头，色谱齐全多达百种颜色。因其色彩明快、艳丽、表现力较强、携带方便，深受设计师喜爱。马克笔油性、水性都不具备遮盖力，在表达深浅、明暗关系时要运用多色叠加；先浅色铺底，再在浅色上叠加同类色的深色，高光预留白即可。

　　麦克笔主要适合轻薄的服装面料，适于表现多折、结构线较多的服装效果图。马克笔既可表现线和面，又不需要调制颜色，其颜色又易于干燥。不同质地纸张，吸色速度各不相同，产生的效果亦不相同。吸色快的纸张，绘出的色块易带有条纹形状，大块面色相对难处理。初学者往往难以掌握，所以要勤于练习，方可取得好的效果，如图5.4-1~图5.4-2所示。

图 5.4-1　马克笔表现技法（1）

图 5.4-2 马克笔表现技法（2）

5.5　计算机辅助设计

　　计算机辅助设计的效果图表现，主要是运用功能越来越强大的绘画软件完成服装设计创作。计算机辅助设计的主要软件是 Photoshop 和 Corel Draw 两个图形图像设计软件。

　　目前电脑被广泛地运用于服装设计领域，选择电脑作为主要的服装造型设计工具，可以提高创作表现力和工作效率，也是开拓和实现无限创意的必由之路。尽管如此，也不能以忽视手工绘画来作为计算机辅助设计的基础。始终不能忘记我们所表达的设计意图是为服装工艺这一领域服务的，展示出来的图形图像要便于后续行为组织的交流与沟通。作者不可以随心所欲地创造出各种无法想象、无法实施的虚幻意境，一味追求画面的艺术效果，而忽略了真实目标。

　　作为服装设计行业的从业者，学习应用计算机辅助设计是一门必修功课，但一定要建立在具有设计基础理论及艺术素养、手绘造型表现等基础之上。电脑辅助设计表现如图 5.5–1~图 5.5–6 所示。

图 5.5–1　计算机辅助设计效果图（1）

图 5.5-2　计算机辅助设计效果图（2）

图 5.5-3　计算机辅助设计效果图（3）

图 5.5-4　计算机辅助设计效果图（4）

图 5.5-5　计算机辅助设计效果图（5）

图 5.5-6　计算机辅助设计效果图（6）

参考文献

［1］ 刘晓刚．品牌服装设计．上海：中国纺织大学出版社，2005.

［2］ 刘元风．服装设计学．北京：高等教育出版社，1997.

［3］ 李好定．服装设计实务．刘国联，赵莉，王亚，吴卓，译．北京：中国纺织出版社，2007.

［4］ 陈桂林．服装画技法．北京：中国纺织出版社，2015.

［5］ 李当歧．服装学概论．北京：高等教育出版社，1991.

［6］ 中屋，典子，三吉满智子．服装造型学．技术篇Ⅱ．刘美华，孙兆全，译．北京：中国纺织出版社，2004.

［7］ 王惠娟，李海涛.服装造型设计．北京：化学工业出版社，2010.

［8］ 景淑静．服装造型设计．北京：中国劳动社会保障出版社，2005.